九型人格

认识自我看懂他人

林忠儒　黎得如/著

浙江人民出版社

图书在版编目（CIP）数据

九型人格：认识自我看懂他人/林忠儒，黎得如著
-- 杭州：浙江人民出版社，2020.5
ISBN 978-7-213-09584-9

Ⅰ.①九… Ⅱ.①林… ②黎… Ⅲ.①人格心理学–通俗读物
Ⅳ.①B848-49

中国版本图书馆CIP数据核字（2019）第284616号

浙江省版权局
著作权合同登记章
图字：11-2019-236号

九型人格：认识自我看懂他人

林忠儒　黎得如 著

出版发行：浙江人民出版社（杭州市体育场路347号　邮编：310006）
市场部电话：（0571）85061682　85176516
责任编辑：申屠增群
特约编辑：孟庆博
营销编辑：陈雯怡　陈芊如
责任校对：陈　春
责任印务：聂绪东
封面设计：Amber Design 琥珀视觉
电脑制版：北京唐人佳悦文化传播有限公司
印　　刷：北京毅峰迅捷印刷有限公司
开　　本：880毫米×1230毫米　1/32　　印　　张：7
字　　数：143千字
版　　次：2020年5月第1版　　印　　次：2020年5月第1次印刷
书　　号：ISBN 978-7-213-09584-9
定　　价：48.00元

序 1

PREFACE

1

我写这本书的初衷是帮助九型人格的学习者快速掌握其中的要领。九型人格总共有六大系统，分别是主型、三元能量、动态迁移、健康层级、副型和侧翼。由于篇幅关系，本书只论述前四者，副型和侧翼两部分则留待日后和“成交”“恋爱”的应用篇一起撰写。九型人格博大精深，前后环扣，左右相关，本书为九型人格的初学者提供了正确的学习途径，建议按照本书编排的顺序，循序渐进地学习。

从古至今，九型人格都展现出强大的智慧力，能够帮助促进人类精神的发展、团队组织的合作、人际关系的和谐、两性之间的互敬互爱。九型人格可以协助人们看见自己真实的力量，帮助人们克服恐惧，获得精神的自由。

我爱上九型人格，是源于自己对“人”的理解方面的困惑。小时候陪外婆看歌仔戏，戏中的角色性格鲜明，非黑即白，每当有角色出场时，外婆总是问我：“这个人是忠还是好？”这使我养成了看世界时只分黑白的习惯，然而这种视角的局限让我在成长的道路上吃尽苦头，因为世界本是多彩的。

在理解了九型人格后，我基本能了解每个人的恐惧、欲望和惯性行为之间的联系，进而能够以一种双方都认同、感受更相近的方式交流互动。

无论是在人际关系上，还是在工作中，了解九型人格都能给我们提供帮助，甚至可以说是成功的重要因素，因为这世界上所有的价值都是“人为”的，掌握“人”，就掌握了世界的价值。我想，“人”这个主题是每个人都很有兴趣、也很需要了解的。古人说：“知人者智，自知者明。”想要走上一条明智的人生道路，你必须深入地了解“人”。人生如棋，每个人都是自己棋局的主帅，如何布局，如何善用团队，如何赢在终点，都须慎重思考。身为主帅，你第一步该做的就是辨识人才。什么样的人才是“车”？眼中只有目标，使命必达的人。什么样的人才是“马”？八面玲珑，周旋于团队中，能让团队创造出“1+1 ＞ 2”的力量的人。什么样的人才是“炮”？借力使力不费力，调和鼎鼐，借用他人的力量实现高远目标的人。马走日，炮翻山，根据各自不同的行为，学会判断谁是马、谁是炮，采取正确的策略，方能帮马踢掉别马脚的人，为炮提供隔空打远的棋子。运筹帷幄，决胜千里，知晓个中玄机，就在九型之中。

在书店里，我常看到很多指导人们“如何成交”的书。所谓“成交”包括在业务中与客户缔结合约，在公司中请求升职、加薪，领导要求部属对目标表示认同，乃至恋爱、结婚的顺利进行。书中写了很多令人眼花缭乱的招式，但研读之后让我感觉这其中有太多假设的情境前提，虽然内容写得有趣，但状况不同，就很难效法应用。马云说：“会聊天，你就会成交。”我非常赞同这句话，成交的同意权在对方手里，如果你会聊天，对方自然就能告诉你成交的关键是什么。九型人格引导你以对方的视角看问题，那是一个更体贴、更吻合对方所需的角度，能协助你达成对方的期望。

本书得以出版，要特别感谢我的妻子亲蓁，她在我写作过程中帮了很多忙；感谢我的工作伙伴得沁、嘉慧、美娜和宜珍，他们为本书的出版做了许多努力；谢谢工作坊的学员们，他们在课堂中给予我很多精彩的互动。相信凝聚了大家心血的这本书，将帮助后来的学习者更轻松、更深入地学习九型人格。

林忠儒 (Jack)

序2
PREFACE

2

爱上九型人格源于一种很奇妙的缘分，我也因此有了一种终于被理解的感觉。九型人格是一件发现自我、解码人际关系的秘密武器。它不仅包含流传千年的古老智慧，还包含西方的现代心理学，是一门有科学根据的“识人学”。

学习九型人格后，我们就可以把自己身边的人的人格分成九种类型，可以明白每种类型的人的行为系统，知道每种类型的人都有其内心深层的恐惧，并且会产生自我防御行为。只要我们真诚地去学习与面对，就可以从中发展出很多可能，从而获得一个突破限制的、真正自由的人生。

本书总结了我们这些年研究九型人格的个案经验。只要你每天花一点时间阅读，就可以慢慢地了解自己，进而理解他人，轻松地做到“因为理解所以谅解”，不再因无端的猜疑而感到困扰，最终保持身心平衡的状态。

我们相信，只要有人的地方，九型人格都可以得到应用。可以说，学会九型人格，我们就具备了看透人心的基本能力，就能够产生真正的同理心，学会处理各种人际关系，从而达成心中目标。它将是让我们一生受用的工具。

黎得如

Contents

目录

第四章　职场攻略

第一章

九型人格的缘起

缘　起

九型人格的概念登上人类舞台的最初时间已不可考，但是研究者一般认为它的历史可能要追溯到公元前 2500 年，甚至更早。相传，它发源于中东两河流域古老的静心团体，团体中的导师用九型人格来审辨弟子的性格类型，并依此来指点他们修行上的迷津，协助他们提升人格健康度。

九角星是九型人格重要的智慧结晶。九型人格的导师能利用九角星阐释物质世界的发展历程，表现宇宙星体的演变过程和人类自我意识的发展过程。

当代大师

葛吉夫（G.I. Gurdjieff）

葛吉夫是近代最早研究九角星的人，并创造了“神圣舞蹈”教学法，旨在让舞者在无意识的状态下通过自己所做的各种肢体动作来感受身体韵律中蕴含的自然节奏。他认为，人的心灵之所以沉睡并且由此导致我们在对外界作出反应时表现出机械化的惯性，是因为我们的脑、心、腹这三个中心未达到平衡，而舞蹈可以唤醒这三个中心的功能。

奥斯卡·伊察索（Oscar Ichazo）

我们现在所看到的九型人格图，是玻利维亚人伊察索的研究成果，他是九型人格理论的奠基者。

他师从葛吉夫，1969 年在智利成立阿里卡学院，教授九型人格，用以培训和指导学生提升心理素质。通过资料整理和研究，他将人性的各种情欲原罪套入九角星中，使其成为现代九型人格学说的模板教材。

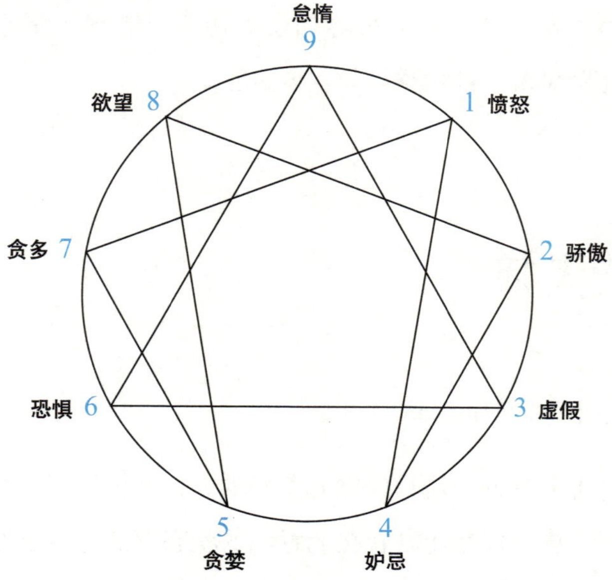

克劳狄亚·纳朗荷（Claudio Naranjo）

纳朗荷是一位知名的心理学家、精神病学家。

纳朗荷曾追随伊察索在智利学习九型人格，学成后，便将这门知识带到美国加州，并开设了九型人格工作坊，用“人版研究”的模式，让性格类型相同的人聚在一起，分享彼此在想法与行为上的共同点与差异性。九型人格系统由此变得更丰富、运用更广泛。

学习价值

从小到大，我们上过很多历史课，虽然不同年级的授课老师不同，但是所有老师都有一个相同的观点，就是人一定要读历史，因为历史会不断重复，所以你懂历史，就会懂得这个世界。每个年代都有新的生活形态、心灵成长、科技创新，甚至还有族群之间不断的融合演化，然而人性却总是历史事件中的关键因素，因此了解人性，是生存在这个社会的人一定要用心学习的课程。

学习九型人格，有很多好处。

1. 认识自己：帮助我们了解自己的性格特征。人贵在自知，了解自己，明白自己的长处与短处，这正是自信的来源。

2. 潜能发挥：适性扬才是潜能开发的关键契机。了解自己性格的属性，就可以知道自己在什么环境中会如鱼得水，在哪些领域可以凭借天赋跃上巅峰。

3. 疗愈心灵：在理解中疗愈心灵伤口。九型人格系统可以帮助我们了解原因，并且提升自我。于是我们就会知道，为什么会凭直觉做出某种反应以及我们为什么会难受，然后我们就能得到治愈。

4. 人际关系：帮助我们更深入地体察自己的家人、朋友、同事的所思所想，让我们互动起来更无障碍、更贴近彼此的内心。

生存的环境在不断地更迭，人文思想、科学技术在不断地创新，然而人性从来没有改变过。人性这门课程，或许学校不会教，但是你不能不学，学明白了，你便更能读懂历史兴衰。

温馨小提醒

我想，此时此刻，你应该迫不及待地想要翻阅下一个章节了吧！

但是，在起航之前，有一段重要的话需要在这里郑重地强调，这是九型人格学习者需要遵循的重要准则，是为了让学习者摆正心态，并达到较好的学习效果而订立的，在开始前需要提醒你一下。

在一知半解的状态下，不急着定义自己的类型

虽然在九型人格的定义分类下，人只有九种，但是深入研究后你会发现，九型人格其实是个动态且立体的系统，每个人在这个系统中都是独特的个体。人本身在性格健康度上就有“良好、普通、不佳”这三种状态，例如第一型人在安全自在的状态下，会呈现第七型人健康度良好的状态，而在紧张痛苦时，会呈现第四型人健康度不佳的状态，这就是解离现象。因此，九型人格是个活跃的体系，我们要全盘了解后再提出结论才不失客观。

不要刻板地给他人贴上标签

对照模板学习是个快速而有效的方法，但是初学者需要多花时间和精力去理解细节，如果生硬地将某些特质套在某个人身上，容易变成一种带有偏见的标签，从而剥夺对方自我探索的机会，甚至会对对方的人生产生负面影响，因此不可不慎。

不要以人格类型作为借口，自我开脱

“因为我是第八型人，我不爽就火大，火大就想揍人，

所以我揍人不是故意的。”这话就是将人格类型作为借口了。我们说“江山易改，本性难移”，所谓“难”，并不意味着“不能”。只要我们能清楚地知道真实的“我”是什么，而当下的“我”被什么影响了，察觉到这个程度，就会如老子所说，“自知者明”，而“自胜者强”。知道只是知识，行动才有力量。

约法三章之后，我们出发！

第二章

九型人格系统导航

三元能量

九角星介绍

九角星主要由三个部分构成，分别是圆形、三角形、六边形。

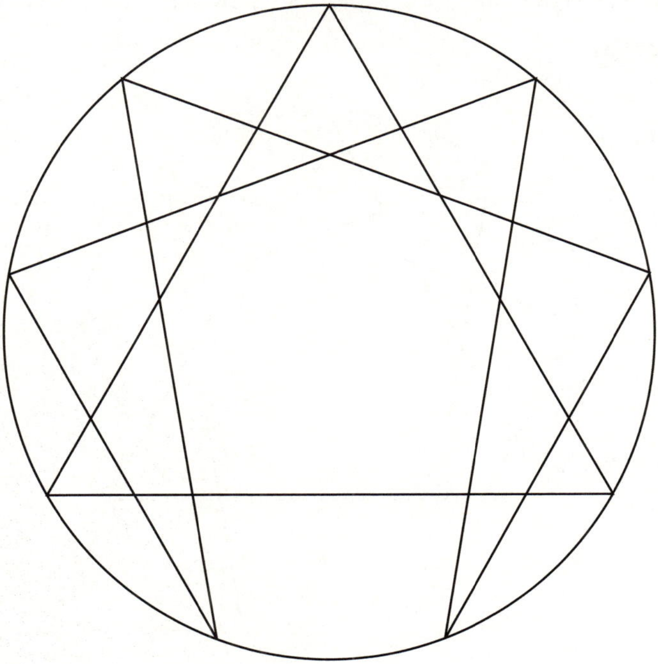

◆ 圆形

九角星最外围的圆圈代表宇宙，代表我们生存的外在大环境，同时也象征着“完整、和谐、唯一”。世上万物，包括人类，都生存在这个大环境之内，这体现了一种兼容并蓄的完整性。大环境之中一切事物的运行都以和谐并存为最高原则，牵一发而动全身，只有互相尊重方能万世太平。大环境仅有唯一的一个，因此有些主张一神论的宗教，也以此为论据。

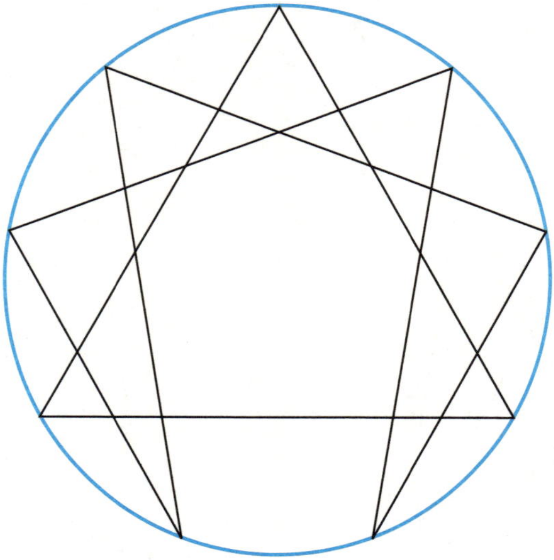

◆ 三角形

三角形代表我们看待宇宙万物的“三元论”，举例如下。

1. 道家：老子把“道”作为宇宙本体，道生一，一生二，二生三，三生万物。
2. 传统文化：天道、地道、人道，合称“三才”。
3. 佛教：佛、法、僧，即“三宝”。
4. 基督教：圣父、圣子、圣灵，亦即“三位一体”。

因为三元论中的代表性事物之间除了黑与白之外，还有广大的灰色地带，所以，三元论给予了世界很大的弹性发挥空间。

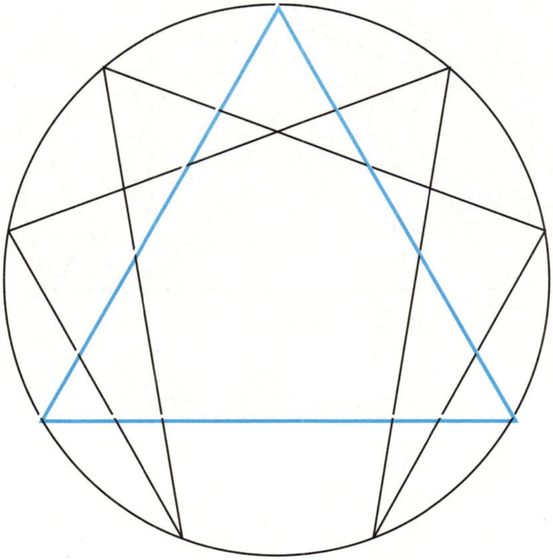

◆ 六边形

六边形代表“逢七变化”的定律，举例如下。

1. 易卦：每一卦有六爻，第七爻为另一卦。

2. 基督教：上帝用六天创造世界，第七天休息。

我们常说，世界上唯一不变的真理就是世界永远在改变。所有的一切虽然不是永恒的存在，但万事万物皆依其本性规律，在宇宙间相互依赖共存。六边形告诉我们，事物的作用与发展，其实都有迹可循，是可以预测的。

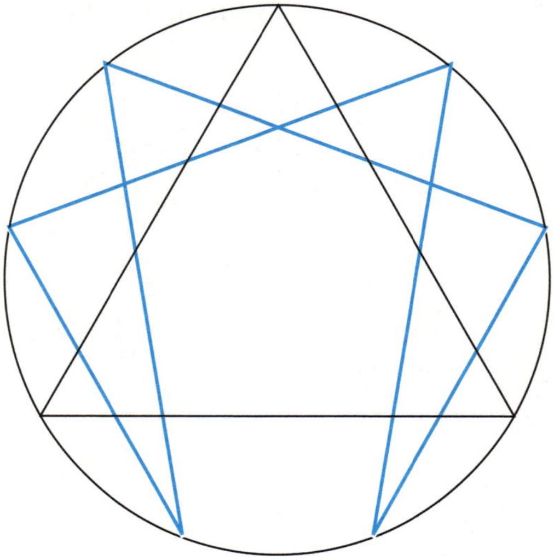

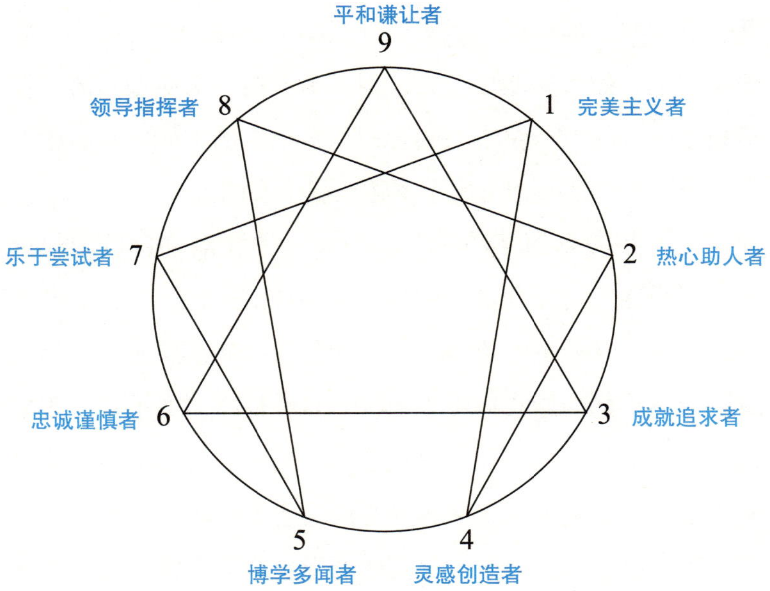
平和谦让者
9
领导指挥者
8
1
完美主义者
乐于尝试者
7
2
热心助人者
忠诚谨慎者
6
3
成就追求者
5
博学多闻者
4
灵感创造者

九型人格图

三元能量中心介绍

九型人格根据脑中心、心中心、腹中心的功能对人的基本性格进行分类。脑中心主管的是一个人的思维能量，第五型、第六型、第七型是属于思维型脑中心的人；心中心主管的是一个人的情感能量，第二型、第三型、第四型是属于情感型心中心的人；腹中心主管的是一个人的本能能量，第八型、第九型、第一型是属于本能型腹中心的人。

在人际关系的互动中，我们会习惯性地拿自己的长处来处理问题，这完全是一种再正常不过的惯性，这种惯性是我们能够立身处世的依恃，但水能载舟、亦能覆舟，性格的过度与不足都会给我们带来困扰。每种性格所属类型，正能说明其核心问题之所在，也就是说，脑中心的第五型、第六型、第七型比其他两组更容易在思维上萌生阻碍，心中心的第二型、第三型、第四型比其他两组更容易在情感上产生执着的问题，腹中心的第八型、第九型、第一型比其他两组更容易因为在某个阶段得到过度的满足或遭受巨大的打击而无法恢复平静。

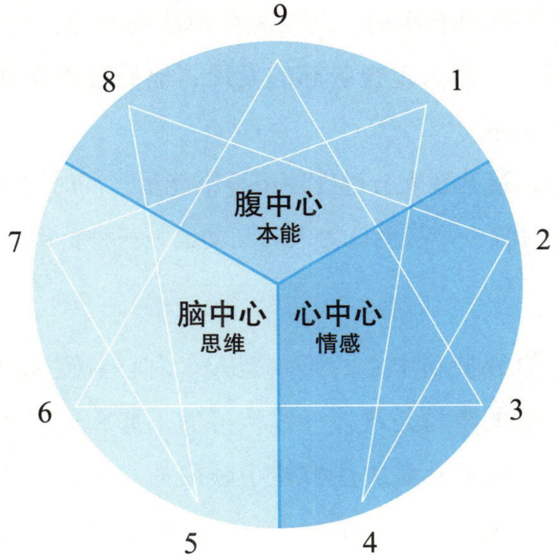

◆ 思维型脑中心

我们在面对未来时，需要用冷静的大脑来协助我们洞悉事实和思考问题。如果找不到这种内在的力量，我们就会对未知产生恐惧，尤其是思维型脑中心的三种性格类型的人，总是觉得缺乏指引或支持，认为一切都要靠自己探索。为了获得安全感，三种性格类型的人会采取不同的方式，对抗心中的焦虑。

第五型人（博学多闻者）

第五型人认为自己在宇宙间过于渺小、脆弱，甚至缺乏在这个世界上生存的能力，更害怕被别人掌控，因此他们会努力搜集信息、学习知识，做好应对未知事件的准备。第五型人在遇到状况时，习惯先把解决问题的公式研究好，然后才行动。因为重视脑部的发展，他们喜欢在独立的空间中梳理思路。

然而，第五型人会过度使用思维能量，同时对于物质的需求则相对较少，甚至认为人际互动也是一种负担。

第六型人（忠诚谨慎者）

属于思维型脑中心的第六型人，内心易感到焦虑。如果自己所做的事情是群体一致认可的，那么他们就会感到安全，因此他们总是关注群体中领袖的意见，遵从群体的意愿。他们做决定，不是出于自己的独立思考，而是依赖自身以外的权威指导。然而这种依赖又使第六型人更害怕得不到支持与保护，所以他们总是不敢轻易相信别人，遇到事情时总是做最坏的打算。他们如果没有反复确认并得到权威和舆论的认同，就无法信任自己的甄别和判断能力。

第七型人（乐于尝试者）

第七型人热情洋溢，喜欢用快乐来取代内心的恐惧。他们的内心充满了大胆的冒险念头，他们想用满满的新鲜想法来填满自己的大脑，以此掩盖内心的焦虑和痛苦。思维能量不足、思考力表现不充分的第七型人，常在还未理解一种想法的情况下，就被另外一种新出现的想法吸引。他们用大胆的行动以及雀跃的期待来填满生活，这样就没有时间恐惧了。

然而，因为不断地尝试新事物而虎头蛇尾，没有向下扎根的经营态度，也将成为第七型人的人际障碍。

◆ 情感型心中心

在与内在心灵保持交流的时候，我们会感觉自己被爱护、受重视，感觉到生命有价值。但当生活中的创伤阻碍了我们的内在交流时，我们就会出现自我认同障碍，对于属于情感型心中心的三种性格类型的人来说尤其如此。因此，他们会创造一个替代人格（假面具）来代替原来的人格，以寻求他人的关注和肯定。他们相信，自己创造出来的替代人格比真实的自我更容易被大众喜爱。

然而，通过别人的评价来肯定自己，正是这种渴求肯定的欲望，反映出他们内心深处的自卑感。

第二型人（热心助人者）

第二型人认为“施比受更有福”，希望用付出的方式获得他人正面的情感响应。他们让自己变得非常友善，想尽办法帮助别人，希望因此被别人需要，所以会过度表达情感。他们会倾尽全力地做一个好人，努力满足他人的需求，同时也会主动与人交心，希望借此得到他人的爱。

然而，期待从他人嘴里获得“无私”的评价，容易让他们精疲力竭，他们也会因为没有收到对等的回应而产生怨恨。

第三型人（成就追求者）

第三型人渴望大家的肯定与赞美，希望通过自我鼓舞和积极有效的行动获得成功，成为佼佼者，令众人佩服。他们擅长回应社会大众的期待，并凭借自己超强的适应能力实现目标。这样的过程令人赞赏，取得的成果令人赞叹，他们也会因此得到想要的他人的仰慕。

然而，只关注他人所重视的价值，忽视自己的情感与需要，最终会让他们与内心失去联系，迷失自己。

第四型人（灵感创造者）

第四型人的能量和关注都是向内的，他们用想象力在自己的内心世界建构一个自我形象，通过艺术形式或审美观点来塑造形象价值。

他们会创造一个细腻的故事，并为这个故事赋予个人化的意义，将自己曾经的伤痛加以戏剧化处理，形成独一无二的特质。第四型人认为如果有人来关心自己的苦楚，那自己一定是个独特而有价值的人。

他们将自我形象建立在压制正面情感的基础上，导致情感表达不充分，也使得他们疏远人群，自我憎恨，不能适应现实环境。

◆ 本能型腹中心

本能是身体的智慧，如同头脑会告知我们某些信息一样，身体也能告诉我们重要的信息，例如天气冷了、肚子饿了，这些是我们通过身体的感知获得的关于当下生存的重要信息。

直觉也是身体智慧的产物，我们可以通过它来预知未来、解决问题。但是，长期与本能疏离会使我们的直觉变得不那么敏锐。当我们失去与本能的联结，人格会创造出“自我边界”。它犹如一道城墙，城墙之内是属于我们自己的领土，在自己的领土之内，每个人都拥有自主权，“我们管不了别人，但是可以管好自己”。在自我边界之内，我们知道什么是合理的、被允许的行为，而当别人越界的时候，出于本能，我们会被激怒，并且会以不同的方式回应他人的越界。

第八型人（领导指挥者）

第八型人觉得自己是个强者，拥有无比的信心和勇气，可以打倒一切阻挡自己的敌人。他们总想主导环境，因此会过度扩张自我边界，希望把别人都纳入自己的领土之中。他们过度地表达本能的怒火，对愤怒不压抑，绝不容许任何人的挑衅与犯界。

然而，主观上过度的欲望控制和事实上的自我纵容，终将导致周围朋友的离弃。

第九型人（平和谦让者）

第九型人秉持谦让无争的处世态度，具有开放的心胸，关注他人的立场，可以融合大家的观点，创造可接受的共识与和谐的氛围，让大家朝着共同目标一起努力。他们不喜欢破坏平衡，无论是内在的情感和思维还是外在的行动，都希望可以保持和谐。他们认为，只要事情能完成，功成不必在我，因此乐当一个“不粘锅”。他们不脱离本能，抹去界线，这将降低他们应对环境的能力，阻碍自己的发展。

他们会过分沉浸在幻想中，对真正的威胁视而不见，极度漫不经心，把别人当作空气，这种被动形式的攻击，是造成他们的人际摩擦的主要原因。

第一型人（完美主义者）

第一型人终其一生都奉行正直的行动策略，恪守内心的道德与良知，对于“正确”有执着的追求。他们认为那些错误的冲动与堕落的欲念，不应该存在于自己的自我边界（领土）之内，因此总是压抑愤怒的冲动和人性的欲念，而且他们认为无论自己或他人，都应该奉此为圭臬，循规蹈矩地做人。

面对自己不认同的事情而心生怒火时，他们会压抑愤怒，导致本能无法表达出来。他们会把愤怒升华为神圣的理念，从而进行改善。

然而，他们过度地追求完美，会给人吹毛求疵、鸡蛋里挑骨头的感觉。

动态九型

防卫机制

葛吉夫认为，每个人都有一个内在缓冲器，它可以减少摩擦，舒缓我们受伤的心灵，让我们感觉舒服一些，但是同时也会让我们曲解事实，转移注意力，隐藏自己内在的负面特质，让我们无法看见人格的真实力量，形成认识自己的障碍。

缓冲器相当于现代心理学中的心理防卫机制。防卫机制最早是由西格蒙德·弗洛伊德（Sigmund Freud）提出的，是指“自我”用来调节“本我”和“超我”的压力的方法。当自我意识受到本我和超我的压力时会表现为两个方面，一个方面是抑制不住的对满足原始欲望的渴望，另一方面是强烈地不允许自己堕落的道德感。两边夹击下，我们肯定感到特别难受、痛苦。面对由此引发的强烈的焦虑感与罪恶感，自我将无意识地启动防卫机制，以扭曲事实的方法来维护自我，缓解或消弭焦虑和痛苦。

防卫机制塑造了“自我”的性格型态，九型人格的学习者需要好好理解防卫机制的内容，因为九种不同的性格的形成就是源于九种主要的自我防卫机制。而所谓的自我觉察，其目标也是防卫机制。我们说一个人个性是否开放，首先看的就是当防卫机制启动的时候，他自己是否能够觉察。

说明

本我、自我、超我，构成一个人的完整的人格。

1. 本我：遵循快乐原则，仅关注生存需要，我们通过社会化把“本我”加以驯服与限制。
2. 自我：人格的执行者，是我们可意识的部分，所表现出来的是人类原始欲望和社会规范协调的结果。
3. 超我：遵循道德原则，维持我们的道德动力，回避社会文化的禁忌行为，站在“本我”的反对立场。

运动规律

一个人的性格类型基本上一辈子都不会改变，但是由于自我放松或身心紧绷，会产生性格整合和解离的模式，运用九型人格亦能准确地预测其移动规律。

当自我放松，不常启动防卫机制时，我们的身心会成长，六边形会循着 1→7→5→8→2→4 的路径，三角形会循着 3→6→9 的路径，产生整合的模式。

例如：当第一型人的自我因为放松而成长时，将会呈现出第七型人的健康特质；当第三型人的自我因为放松而成长时，将会呈现出第六型人的健康特质。

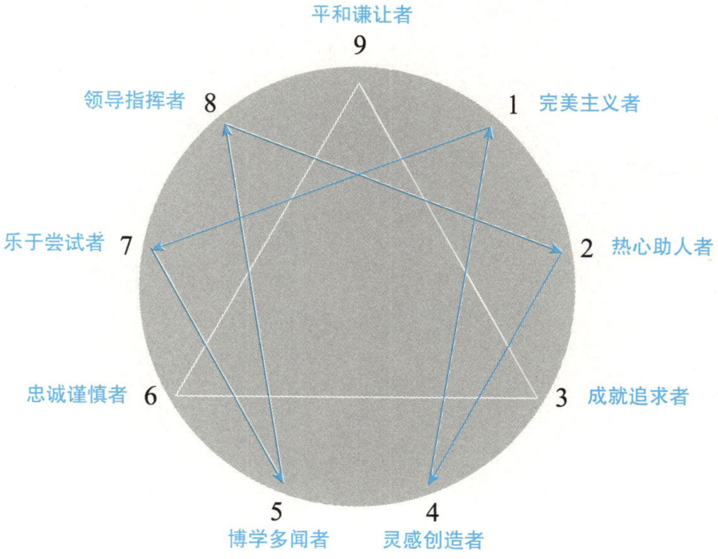

当自我紧绷，常常启动防卫机制时，我们会感到身心凋零，六边形会循着 1 → 4 → 2 → 8 → 5 → 7 的路径，三角形会循着 3 → 9 → 6 的路径，产生解离的模式。

例如：当第一型人的自我因为紧绷而凋零时，将会呈现出第四型人的不健康特质；当第三型人的自我因为紧绷而凋零时，将会呈现出第九型人的不健康特质。

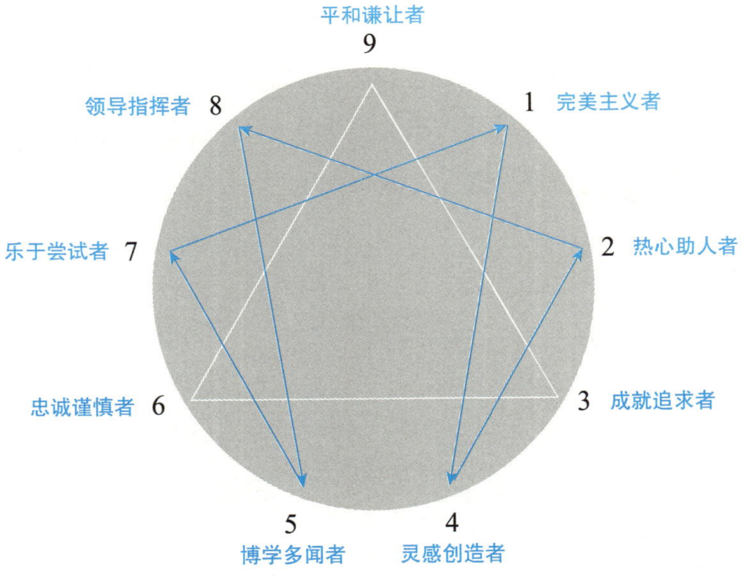

型号速写

第一型人速写

原则性强、果断明确、有自制力、追求完美

神逻辑	没有最好，只有更好。
超我信息	我很棒，因为我做的事情是正确的。
自我标榜	我是个理智的人。
恐惧	害怕自己思想邪恶、行为堕落，或是成果有缺陷。
欲望	希望自己善良正直、品德高尚，变得完美。
原罪	**愤怒：**过度压抑自己的愤怒情绪，追求不可能的完美。
注意焦点	对与错。
防卫机制	**反向作用：**因为讨厌自己堕落、不合标准，所以心口不一地做出反向的压制来缓和情绪压力。例如，把内心的欲望（七情六欲），说成自己嫌恶的东西，让自己感觉达到标准。
变质扭曲	吹毛求疵地谴责。
自我救赎	**平静：**接受这个世界的不完美。 满足自己真实的需要不是一件罪恶的事。
成长整合	第七型人的健康特质。严肃的第一型人，懂得增添轻松欢乐的氛围，让工作伙伴在激励下更愿意全力以赴。
凋零解离	第四型人的不健康特质。原本重视理性原则的第一型人变得比较情绪化。

第二型人速写

慷慨大方、主动助人、感情外显、占有欲强

神逻辑	我所做的一切都是为你好。
超我信息	我很棒，我不但受朋友关爱，而且与他们的感情非常亲密。
自我标榜	我是个充满“爱的能量”的人。
恐　惧	害怕自己不值得被爱，不被人需要。
欲　望	希望自己可以被大家喜爱。
原　罪	**骄傲**：因为能给予而产生自我优越感，认为别人的幸福都是自己帮忙的结果。
注意焦点	他人对自己是否认同。
防卫机制	**压缩作用**：压抑自己的需求，以不求回报的无私换取他人的关爱，会为了强调自己的善良而主动帮助别人，甚至在面对仇怨时也会压抑自己负面的感受，宽大为怀，以德报怨。
变质扭曲	要成为别人的需要，创造显露价值的机会。
自我救赎	**谦卑**：奉献的爱。 爱的能量流动是相互的，学会爱自己，就知道如何照顾别人，自己和被爱的人一样重要。
成长整合	第四型人的健康特质。以人为先的第二型人，懂得爱自己，并且愿意关注、探索自己的内心。
凋零解离	第八型人的不健康特质。原本贴心的第二型人变得蛮横，有攻击性。

第三型人速写

凌云壮志、绩效至上、适应力强、形象包袱

神 逻 辑	不怕神一样的对手，就怕猪一样的队友。
超我信息	我很棒，因为我做的事情很出色。
自我标榜	我是个优秀的人。
恐 惧	害怕自己没有价值，不被欣赏和仰慕。
欲 望	希望自己是个重要、有价值、受欢迎的人。
原 罪	**虚假：**摒弃真实的自己，致力于让人相信包装出来的自己就是真正的自己。
注意焦点	成果的价值。
防卫机制	**认同作用：**向成功者学习，复制卓越者的生活样貌，让榜样的模式和特质与自己融为一体，相信自己与自己营造出来的形象一致，相信经过修改润饰的自己才是真正的自己。
变质扭曲	急功近利的成功追求。
自我救赎	**诚实：**认同自己。 真诚的人比优秀的人更值得被爱。
成长整合	第六型人的健康特质。英雄主义的第三型人愿意真诚地与团队合作，甚至牺牲个人，成全大局。
凋零解离	第九型人的不健康特质。原本干劲十足的第三型人变得闲散慵懒。

第四型人速写

艺术创造、个人风格、浪漫主义、喜怒无常

神逻辑	只有在痛苦中，我才能感受到快乐。
超我信息	我很棒，因为我能找到自己，并且做自己。
自我标榜	我是个独特的人。
恐惧	害怕失去个人独特的品位，失去自己的价值。
欲望	希望通过内在经验所创造的意义与价值来获得认同。
原罪	**忌妒：**消极地与他人比较，渴望自己没有的东西。
注意焦点	关注缺失的部分，想要的总是得不到。
防卫机制	**向内投射作用：**美好与痛苦的事物掺杂于追求完整性的过程中。对于美好的，通过幻想将其投射到内心世界，填补心中的缺失感；对于痛苦的，则将这些感受吸收，再加入主观化的意义，通过幻想将情绪放大，形成个人特质，用感受创造自我存在感，以避免自己被埋没于茫茫人海之中。
变质扭曲	计较，放大负面感受，自我放纵。
自我救赎	**自在：**珍视拥有。 只要是真实的自己，就不会被淹没。
成长整合	第一型人的健康特质。情绪化的第四型人，效率提升，以客观的标准评判主观认定。
凋零解离	第二型人的不健康特质。原本重视个人风格的第四型人变得重视别人的评价，处处讨好别人。

第五型人速写

探索新知、洞悉脉络、低调隐秘、性格孤僻

神逻辑	我就是要吃知识吃到饱。
超我信息	我很棒，因为我能完全掌握事情的状况。
自我标榜	我是个聪明的人。
恐　惧	害怕自己无知，没有足够的竞争力。
欲　望	希望自己很有能力。
原　罪	**贪婪：**对贫乏的恐惧催生了内心的贪婪，紧守自己的资源。
注意焦点	别人希望从我这里学到什么。
防卫机制	**隔离作用：**退回思维空间，切断情感联系，把整体分割成部分，将事物重新分类组合。用隔离来保护自己，隔离产生私密性和自主性，可以带来安全感和控制感，但也造成自己超然和无欲求的态度，对这个世界缺少实际参与的行动。
变质扭曲	封闭，形成象牙塔式的专业化。
自我救赎	**放下：**走入群众。 真正的自主，是自信地分享，而不是不断地切割自己。
成长整合	第八型人的健康特质。过度思考、不断做着准备的第五型人拥有了自信的行动力。
凋零解离	第七型人的不健康特质。原本喜欢低调的第五型人变得唠叨爱说话，心神不定。

第六型人速写

值得信赖、有责任感、保守稳健、好谋独断

神 逻 辑	怀疑你，是为了相信你。
超我信息	我很棒，因为我能完成团队的任务，并且对方方面面考虑周到。
自我标榜	我是个可靠的人。
恐　　惧	害怕没有指引和支持，担心自己无法独立生存。
欲　　望	希望获得指引、支持和安全感。
原　　罪	**恐惧：**焦虑于不可知的未来（自我怀疑），而对他人形成负面投射。
注意焦点	他人潜藏在心中的意图。
防卫机制	**投射作用：**将自己不愿接受的想法、情感、行为加诸他人，推定大家都是这样想的，甚至在产生某种不道德的罪恶欲念时认为别人也有这样的念头，以减少自己因为有此欲念而产生的焦虑。出于不安全感的投射，使大脑不断预演危机以为将来做准备。
变质扭曲	依赖权威信念来寻求指引与支持。
自我救赎	**勇气：**相信你自己。 世上没有真正的安全，相信自己有能力应变任何事。
成长整合	第九型人的健康特质。担心害怕的第六型人，变得较为乐观，有安全感。
凋零解离	第三型人的不健康特质。原本稳健踏实的第六型人变得爱比较、爱显摆。

第七型人速写

热衷新奇、多才多艺、自娱娱人、躲避痛苦

神 逻 辑	不必为了一棵树放弃一片森林。
超我信息	我很棒，因为我所期待的事情都能成真。
自我标榜	我是个喜欢新奇的人。
恐　　惧	害怕被剥夺和失去的痛苦。
欲　　望	希望获得满足与幸福感。
原　　罪	**贪多：**不知足的欲望是对内在空虚的否定，总想用各种刺激的体验来掩盖内心的沮丧。
注意焦点	有趣的选项。
防卫机制	**合理化作用：**回避不愿面对的事实或将其模糊化，并且重新树立正面的解释角度，以佐证自己当时的行为是合理的，从而缓解犯错后的自责与痛苦，推卸责任。一遇到不开心的事情就立马转弯，想一些开心的事情来转移注意力。
变质扭曲	信口胡言的逃避主义。
自我救赎	**节制：**学会感受。 向内寻找快乐，其实它就藏在心里。
成长整合	第五型人的健康特质。虎头蛇尾的第七型人愿意变得踏实，深入思考。
凋零解离	第一型人的不健康特质。原本善于整合创意的第七型人变得挑剔，喜爱批评。

第八型人速写

自信心强、勇敢果断、意志力强、支配欲强

神逻辑	慈不带兵，义不掌财。
超我信息	我很棒，因为我很强大，能够掌控环境。
自我标榜	我是强者。
恐惧	害怕受到控制，害怕被伤害。
欲望	保护自己，有权力决定自己的一切。
原罪	**欲望：**无底线地扩张自我领域，只有通过激烈的战斗才能感受自己的强大。
注意焦点	我是不是被控制了。
防卫机制	**否定作用：**否定一切自己不接受的想法、情感、行动、需求，拒绝承认它们的存在。为了感受自己的强大，否定软弱、否定对手、否定体能极限，长此以往会变得更加霸道、残忍。
变质扭曲	强力控制，充满暴力与杀伐的斗争。
自我救赎	**纯真：**解除武装。 承认软弱，反而证明你的强大。
成长整合	第二型人的健康特质。原本铁石心肠的第八型人，多了一份同理心，拥有了铁汉柔情的特征。
凋零解离	第五型人的不健康特质。原本胆大自信的第八型人变得裹足不前。

第九型人速写

融为一体、心满意足、气定神安、淡泊闲散

神逻辑	敌不动，我不动；以不变应万变。
超我信息	我很棒，因为我让周围的人都很开心。
自我标榜	我是个和善的人。
恐惧	害怕分离与毁灭。
欲望	保持平和，外在稳定，内心平静。
原罪	**怠惰：**不愿意受到外在的影响，避免内在发生波动。
注意焦点	别人的立场和观点。
防卫机制	**麻醉作用：**将应该给予关注的事情淡化处理，甚至遗忘。喜欢沉浸在节奏固定、持久重复的事物中，这些事物令人感到舒服，因为这样的抽离让自己不需要耗费太多精力，而且可以逃避让自己感觉不舒服的事情，即使牺牲自己的感受和想法也无所谓。
变质扭曲	抗拒外在的影响，顽固、散漫。
自我救赎	**行动：**让自己的人生变得更积极。 你是重要的，先尊重自我，才能带来真正的内外和谐。
成长整合	第三型人的健康特质。散漫怠惰的第九型人，变得积极向上，有目标。
凋零解离	第六型人的不健康特质。原本乐观的第九型人变得杞人忧天，充满焦虑。

性格层级

层级，就是指我们要以立体的观察角度来理解性格。如果我们用平面的方式描述一个人生活中的表现，缺少对整体结构的垂直视角，很快就会发现其中的矛盾和冲突。

性格层级主要是指性格类型的健康度，它分为“良好”“普通”和“不佳”。每个性格类型的人在不同层级会有截然不同的表现，他们内在的恐惧、欲望和各种特质，会因层级不同形成很多变化。例如：性格健康度良好的第二型人是最乐善好施的，他们奉行“施比受更有福”的信条；性格健康度普通的第二型人，为了确认自己在他人心中的好人形象，会以热心主动的态度、他人为先的立场来取悦别人，希望他人认同自己；性格健康度不佳的第二型人会暗中摆弄、干涉别人，以帮助别人之名来达到自己的目的。

每个性格类型的人都会因为不同的防卫机制和心理要素的交织作用产生不同的特质变化，而且会因为不同的性格层级产生很大的差异，如果不加以甄别，我们很容易在分辨型号时发生错误，因为就像在各个层级间坐升降梯，每个性格类型的人的行为会不断地发生变化。

性格的健康度与“自我意识”的自由度有关。自我意识的自由度高（即不常启动防卫机制），对于自我的掌握度就高，心胸就更宽广，也更愿意利己利人。反之，若是自我意识的自由度低（即常常启动防卫机制），则容易意气用事，甚至做出损人利己的决定。

要特别提醒大家的是，性格健康度并不是指一个人情绪上的开心或不开心。举例来说，性格健康度低的人做出损人利己的决定时，可能会因为诡计得逞而沾沾自喜。但是性格健康度高的人，更愿意牺牲小我、成就大我，为公众利益而奋起拼搏，这样的伟大成就给他们带来内心真正的满足。

本书讨论的行为和态度多是每个性格类型的人在普通健康度的表现，因为这些才是在生活中最常出现的。

健康度良好

▼

标杆作用

自我比较放松自由，有理想并有信心通过行动来实现它，创造社会价值。

健康度普通

▼

性格“诱惑”

认同自我，以正面积极的心态引发世界的正能量。
展示天赋，形成个人优势。

人际做派

扩张自我，意图控制环境与他人。
自我防卫引发人际摩擦与冲突。

健康度不佳

价值扭曲

扭曲自我，有攻击倾向，采取冲动式的生存策略，对世界感到失望。

性格层级的说明

1. 健康度良好层：处于防卫机制萌芽阶段，成为行业的标杆、楷模，能主动担负责任。
2. 健康度普通层：处于防卫机制建立阶段，显现出所属性格类型的典型特点。
3. 健康度不佳层：处于防御机制失灵阶段，失去正常社会功能，陷入病态。

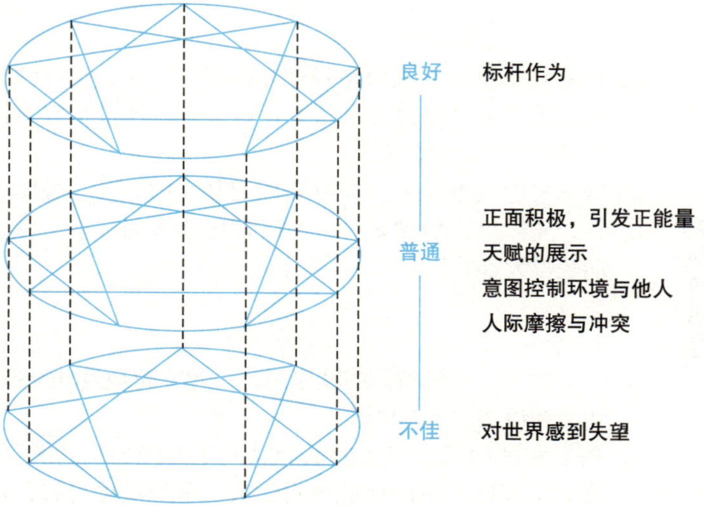

第一型

完美主义者

健康度良好

标杆作用

有很强的使命感，希望一切完美。不甘于堕落的道德感使他们愿意约束自我，不断追求卓越的目标，仿佛是正义的化身。

▼

健康度普通

性格“诱惑”

① 在意现实世界与理想是否存在差距，因此会注意细节的改善，并且把每件事情的标准提高，保持精益求精的进步状态才会放心。

② 成为社会的改革者，拥有明确而坚定的立场，身体力行，先律己、后律人，会不断宣扬自身的标准，希望能获得大家的认可并一同进步。

人际做派

① 恪守原则，追求整体的秩序感，一丝不苟地遵守纪律、法律和道德，不会松懈。

② 他们所谓的标准与人的欲念之间是紧张的平衡关系，然而与其以严格的标准批判他人，不如反思自我，追求宽容理性。

▼

健康度不佳

价值扭曲

为了说明别人都是错误的，将追求完美变成吹毛求疵，将仗义执言变成教条式的严厉批判和不近人情的贬低。

第二型
热心助人者

健康度良好

标杆作用

充满无所求的爱，助人为乐，对人充满关怀之情，并且以他人为先，认为施比受更有福。

▼

健康度普通

性格“诱惑”

① 看重人际关系，同理心强烈，能对身处苦难中的人给予安慰与帮助。还能整合人脉，让人与人的联结形成最大化的人脉力量。

② 总是在别人提出需要之前就主动、热心地付出关爱，这样的温暖体贴，让人对他们推心置腹，视他们为挚友。

人际做派

① 会向众人有意无意地强调自己的无私奉献，甚至会为了表现自己的伟大、无私而做出以德抱怨的行为。

② 在资源有限的情况下帮不了所有人，所以选择“绩优股”作为辅助目标，虽然勉强当了衬托红花的绿叶，心中却渴望别人能对自己有爱的表示。这种间接追求他人之爱的自我限制，是人生中沉重的桎梏。

▼

健康度不佳

价值扭曲

别人常在“盛情难却”的压力下，不得已接受他们强加的“美意”，但他们认为，自己无论如何应当享受别人回馈的“特权待遇”。

第三型

成就追求者

健康度良好

▼

标杆作用

任何时候都积极地散发光芒，成为大家的模范榜样，总是设定更高的目标来激发自我潜能。

健康度普通

▼

性格“诱惑”

① 潜意识中设定的杰出成就只有一个，就是拿第一名，可以为此抛弃一切杂念，专注于目标的实现，用傲人的成绩赢得众人的鲜花与掌声。

② 不但要卓越，更要快速获得成功，主动与人竞争，好胜心很强。

人际做派

① 擅长利用捷径缩短成功的时间，一切努力都是为了获得大众的关注与羡慕。

② 无论大环境需要的人的特质是什么，第三型人都能展现出强大的适应力，面对困难与挑战也擅长取巧变通。

健康度不佳

价值扭曲

只重视形象管理，用自恋式的自我营销来包装自己，但并没有创造真实价值，事实上这就是自我欺骗。

第四型
灵感创造者

健康度良好

标杆作用

依照自己的感受为万事万物赋予意义，倾听内在的声音，将心中涌现的灵感直接呈现到现实世界中。

▼

健康度普通

性格“诱惑”

① 充分体会动态的情绪变化，遍尝纤细的情感滋味，并且钟情于探索让人失落的遗憾情绪。

② 通过自我感觉给自己定位，标榜自己与众不同的品位，加强自己身上神秘的距离感。

人际做派

① 不掩饰下意识的情感，因此在人际互动中常常情绪多变、喜怒不定，却坚持做自己，让人感到难以捉摸。

② 想象力加剧，放任主观直觉与自我暗示赋予人、事、物的负面意义，顾影自怜，无病呻吟，却以为这是最率真的自我，也导致自己渐渐远离正常的生活。

▼

健康度不佳

价值扭曲

渴求心灵伴侣的拯救与关爱，若即若离的态度是为了考验情感的真诚度。

第五型
博学多闻者

健康度良好

标杆作用

以旁观者的视角搜集信息，观察蛛丝马迹，能洞悉世界的奥秘。

▼

健康度普通

性格“诱惑”

① 对元素的本质做精准的定义，相信元素之间的运作有其相应规律，渴望创造一个公式来解决所有问题。

② 知识就是力量，掌握知识就是掌握力量，力量越大越好。因此他们会穷尽心力刨根究底，挖掘更多的知识。

人际做派

① 重视独立思考，面对干扰与逆境时习惯将人、事、物、情感分隔开，以方便自己看格局、找机会、用策略。

② 深度地专注于自我领域之中，认为自己可以凭借强大的智力征服别人，然而他们过于强调自己的象牙塔逻辑，反而会造成“沟通迷宫”，让人无法理解。

▼

健康度不佳

价值扭曲

热爱思考，渴望变得专业，却不与现实世界互动，在行动时过于谨慎，最后得到的仅是空想。

第六型
忠诚谨慎者

健康度良好

标杆作用

在团体中忠诚尽责，考虑问题时面面俱到，尤其擅长做风险管理方面的紧急应变工作。

健康度普通

性格“诱惑”

① 在待人接物时喜欢依循可信赖的规则，就算在安全的时候，也会保持警戒的心。

② 相信群体的力量大于个人的力量，愿意参与群体合作，与大家同舟共济。

人际做派

① 把盟友间的承诺视同契约，相信自己的信仰必然正确，坚定地认为非我族类，其心必异。

② 看事情先找问题，以避免被别人抓到把柄。强烈的防御心会导致他们在反方向过度用力，把侦察干预、查找问题当作是在实事求是地解决问题。

健康度不佳

价值扭曲

强烈的不安全感，让他们很难确认对方是敌是友，因此会反复观望，不时质疑对方的动机。

第七型

乐于尝试者

健康度良好

标杆作用

喜欢品味生活，行动力强，既自娱自乐也娱乐他人，是传递快乐的开心果，有他们在的地方总是充满欢乐。

健康度普通

性格“诱惑”

① 喜欢天马行空地进行探索，喜欢多元的智能发展，会跳跃式跨界，创造生命中的惊喜。

② 不喜欢被框架束缚，拒绝限制，期待在生活中获得满满的惊喜，认为鱼与熊掌可以兼得。

人际做派

① 他们追求快乐，认为世界就是游乐园，喜欢以积极乐观的态度面对生活，对于错误，他们会酌情地将其合理化。

② 精力都放在追求外界的刺激上，过于急切地追求新鲜感。然而再鲜美的食物，若不细细品尝，便不能吃出它的美味。

健康度不佳

价值扭曲

由于边际效用，什么新鲜感都无法满足他们追求自由的狂热的心，但一味盲目而疯狂地追求刺激，导致他们做什么事情都虎头蛇尾。

第八型
领导指挥者

健康度良好

标杆作用
追求不可战胜的力量，重视掌控大局的权力和资源，好主持正义、打抱不平。

▼

健康度普通

性格“诱惑”
① 擅于在弱肉强食的环境中生存，主动争取独立自主的条件，大气的领导风范令大家赞叹、佩服。
② 具备远见卓识，不畏争斗，大胆求胜。

人际做派
① 他们认为，一山不容二虎，任何人都不能撼动他们的主权。
② 失去对人性的信任，不断向外扩张，具有攻击性，高度武装自己，用威胁的手段让别人听命于自己。

▼

健康度不佳

价值扭曲
没有爱，只想用手中可支配的资源控制别人，在对待附庸者时会厚此薄彼，并将所处范围视为自己的领地。

第九型
平和谦让者

健康度良好

标杆作用

为了维持内在的平和而与世无争，崇尚自然的天性，让大家觉得宁静而有安全感。

▼

健康度普通

性格“诱惑”

① 看似中庸无为，事实上积极关注各方立场，重视与他人相处融洽，平和亲切地待人接物，让每个人都愿意为共同目标而努力。

② 以柔克刚地调解分歧，因势利导地融合各方观点，采用授权式领导方式。

人际做派

① 少就是多，化繁为简，按部就班，心如止水。

② 一味地谦让只是为了保持心中的平和，在幻想的安乐窝中尽情地欣赏理想化的自己，将自己与现实脱离，总是安慰自己看淡一切，其实这不是一种安抚人心的力量，而是麻醉自己的毒药。

▼

健康度不佳

价值扭曲

为了人际关系的和谐而乐于配合，甚至牺牲自己的利益。将现实美化为“一切都很好”，然而当情绪累积到一定程度而爆发时，会“把别人都当空气”，这是一种非暴力的不合作行为，是一种以退为进的攻击方式。

第三章

性格精解

1 完美主义者

没有最好
只有更好

最佳代表特质

- □ 用“正人君子”来形容我，认识我的朋友是不会反对的。
- □ 我觉得我是个理性的人，做事情时条理分明，注意细节，但朋友会说我太执着，鸡蛋里挑骨头。
- □ 我很难放轻松，有时候看到别人说笑话，我觉得这样是不庄重的。
- □ 我认为遵守承诺，做事严谨、认真是做人基本的品德。
- □ 很多事情如果我不亲手做，我真不敢想象会变成什么样子。
- □ 对就是对，错就是错，是非曲直在我面前是不容混淆的。
- □ 在得到别人的认同之前，我会先自我要求，只是我不明白为什么有些人的自我要求低到离谱。
- □ 我觉得肩膀上有很多责任，但是这些其实是别人应该做的。
- □ 我鄙视人性的堕落，例如贪吃、贪财、贪恋美色，我会刻意抵制这些。

☐ 我希望我的爱人也秉持精进的处世态度，因此在他 / 她犯错的时候，我会积极地提醒他 / 她。

针对每项特质进行自我检视，分别评分再计算总分。

从不如此：0 分 / 偶尔如此：2 分 / 有时如此：3 分 / 经常如此：5 分

总分是______________。

小人物大特写

有一位瑞士名医正在给病人进行腹腔手术。

当手术接近尾声，要开始缝合伤口时，新来的小护士竟然要求医生停止缝合。

在场的所有人都大吃一惊，难道手术过程中发生了严重的错误吗？这位世界知名的大医生，怎么可能会出什么错呢？更让大家心里犯嘀咕的是，这位新来的小护士，怎么能让名医当众难堪呢？

原来，她在依照程序检查所有的器具设备与医用材料是否完整无误时，发现原来准备了 20 块纱布，现在只有 19 块，所以，应该还有一块在病人的肚子里，没有取出来。

于是，所有人都在手术台周围寻找，医生也在病人的肚子里找了一遍，最后还是没有找到那一块纱布。

“缝起来，有事我负责。”医生说。

“不可以，我们的确用了20块纱布。”小护士严词抗议。

“我全部拿出来了。”医生严肃地说。

“绝对不行！我们一定要找到那块纱布！”小护士丝毫不让步。

这时，医生露出微笑，拿出他偷偷藏起来的第20块纱布，对小护士说：“你到哪里都会成功的。”

追求完美、追求卓越

Ⓐ 追求理想的乌托邦

你认为世界上只有你一人明白万事万物的真理，一旦遇上错误事件，你是会选择苦口婆心地劝告大众却被嘲笑呢，还是将错就错、与众人同醉呢？

面对抉择，性格健康度良好的第一型人不会迟疑，他们会立刻拥抱正确的选择，以理想、使命、原则作为人生的动力，坚持做好每一件事。他们胸怀正义，勇敢挑战权威，引领众人实现理想。同时他们以身作则，严于律己，追求乌托邦，这便是此型人格的典型写照。

“芝兰生于深林，不以无人而不芳；君子修道立德，不为穷困而改节。”一个人不断提高对自我的要求，确实能让本性更接近完美，性格健康度良好的第一型人天生拥有高贵的灵魂，他们相信真理，而且对道德秩序极具信心，始终相信真理具有让错误与邪恶回归到正确和正义的道路上的力量。

Ⓑ 把每个小细节都做到满分

性格健康度良好的第一型人，不仅仅追求细节上的细致，对他们来说，最开心的事情，莫过于所有的人、事、物都依照自己理想的方式呈现。他们有孔子所说的“知其不可为而为之”的坚持，就像故事中的那位小护士，即便是面对权威专家或上级领导，只要是自己认为正确的事情，就一步也不会退让。他们就像警察，而他们的任务就是来纠正人们的错误的。

第一型人天生追求完美，大处着眼，小处着手，身体力行，遵循规范。具体到生活中，他们会把每个小细节都做到满分，借此向旁人展现什么才是正确的做法。在稻盛和夫提出的“六项精进”中，我们可以体会到第一型人为打造完美人生所制定的执行要则。只要彻底执行，你就离完美人格不远了。

代表人物　稻盛和夫

稻盛和夫在27岁时创办了京都陶瓷株式会社（简称京瓷）。在日本房地产起步的时期，很多人建议稻盛和夫投资房地产，但他没有听从建议。因为他认为囤积房地产并不能为其他人增加丝毫利益，不符合他“福国利民”的理想与目标，所以他拒绝“炒房”。

52岁时，稻盛和夫有感于通信费用太过昂贵，想要减轻大家的负担，把通信行业的利润回馈给大众，于是涉足通信业，创办了第二电电（即KDDI，是日本仅次于NTT的第二大通信公司）。

稻盛和夫是第一型人的典型代表，他的名言是：“如果要寻求我成功的理由，也许就是这一点。亦即，也许我的才能不足，但是，我有一根单纯而坚强的追求人间正道的指针”。

他在著作《活法》中提到，六项精进是经营企业所必须坚持的最基本条件，同时也是一个人想拥有完美人生所必须遵守的最基本原则。

六项精进：

1. 付出不亚于任何人的努力；

2. 要谦虚，不要骄傲；

3. 要每天反省；

4. 活着，就要感谢；

5. 积善行，思利他；

6. 忘却感性的烦恼。

稻盛和夫的六项精进即第一型人为打造完美人生所制定的行为准则的典型代表。

改善细节、精益求精

Ⓐ 超高标准

对照第一型人的高标准，人们多少都存在懒惰、放任、粗心、幼稚、情绪化、不上进等毛病。第一型人随时都能看到现实世界的各种偏差、失序、错误、不公正，小到一双鞋子怎么摆、牙膏怎么挤、卫生纸一次应该用几张等，大到我们生活和工作层面的坏习惯、制度的不公平等，都无法逃过他们严格的审视。第一型人天生具有使命感，认为“天将降大任于斯人也”，人类迫切需要修正自己的生活，而他们有责任指出其他人的错误。

Ⓑ 好，还要更好

第一型人认为做人要不断地精益求精。商界宝典《从A到A+》的作者柯林斯与其研究团队研究过一个问题：优秀的公司是如何成为卓越的百年公司的？这其中是否有规律可循呢？

柯林斯团队从《财星杂志》报道的几千家企业中，筛选出位列前500名的大企业（1965—1995年），经过科学的资料对比、理性的分析，以及细致的探讨，最后得出的结论是，能成为百年企业的关键在于“态度，造就企业的高度”。

“好，还要更好”是第一型人最基本的态度，也是企业迈向成功的第一步。第一型人认为把事情做到完美就是“态度”，他们更会觉得自己有责任让事情依照准则进行，从而达到完美的地步，因此，采取务实的行动帮助他人进步就是第一型人的处事态度。

言传身教、律己律人

Ⓐ 批评是出于爱与责任感

第一型人对别人的批评、教导，完全出于他们内心对他人的爱与责任感。为了理想和使命，他们致力于改善现状。他们重视言传身教，树立榜样，在所有事上都会以身作则，在要求别人之前会先检查自己的言行是否符合道德和规范，然后再去帮助别人，让他人也能进步和完美。

第一型人乐意分享他们的观念和想法，并且亲力亲为地教导对方，就像一个循循善诱的老师，积极主动而心怀抱负，以强大的热情来改变社会。

Ⓑ 不轻易赞美他人

第一型人对正确的原则有着强烈的坚持，他们在批评别人之前，会先检视自己有没有犯下同样的错误，所以当他们要求其他人的时候，会觉得自己问心无愧。第一型人先律己后律人，对自己也是高标准、严要求，所以大家对于他们的“苦口婆心”，也都敬畏地领受了。

对于每件摆在他们眼前的东西，他们首先发现的就是错误。第一型人很难赞美别人，因为他们觉得大家达不到像自己这样高标准地自我要求。而且就算看到正确的事情，他们也不会想到要去表扬人，因为正确是应该的，既然是应该的，那为什么要去表扬呢？因此，对第一型人来说，不开口批评你，就是一种赞美了，你就当这是他们正在“一言不发”地表扬你。

第一型人通常表情严肃，态度认真，没有笑容。在他人犯错时，他们出于礼貌，会忍住心中怒火，以至于脸色铁青。

他们不轻易表扬他人，所以作为他们的下属，工作的成就感、价值感会少一些，办公室的气氛也会比较严肃一点。

第一型人领导者应当调整自己，灵活一些，若领导者总是很严肃，同事就很难轻松，再加上大家都得不到表扬或嘉奖，团队怎么会有士气呢？

谨守原则，一丝不苟

Ⓐ 令人放心的金字招牌

第一型人谨守各种原则，站要有站相，坐要有坐相，工作要有工作的样子，不能迟到，要重视礼仪，遵守制度与标准，凡事按部就班地完成。同样的，他们会要求同事、下属甚至上司一起遵守。

他们愿意付出比别人更多的心思和时间认真检视自己与他人的工作，以确保毫无疏漏。第一型人无比较真，很多人认为凡事尽力就好，可他们不只要求尽力，还要求尽全力做到最好，所以他们总像一块百年老字号的金字招牌，能让人安心、放心。

第一型人偏好素净的服饰，蓝、白、灰、黑是他们的基本色调，他们不喜欢太华丽的造型，发型更是常年不变。

他们对卫生的要求比一般人更高，有时甚至严重到有洁癖。比如别人碰到他们的床单，他们会换掉整组床上用品。

Ⓑ 硬性标准容易导致人际关系摩擦

规章和纪律对第一型人来说，如同舞台剧的剧本，所有演员都必须按照剧本演出，台词完整，时间精准，一切行礼如仪，行事如议。他们的时间观念特别强，如果你跟他们约定了时间，就绝对不能迟到。第一型人会事先安排好一天的行程，从几点到几点做什么，全列出来，每完成一项任务，就把完成的部分划掉。今日事今日毕，保证使命必达。一旦没有这股认真的冲劲，他们便觉得人生没有价值。

第一型人会设定明确的标准，也重视做事的规范和流程，善于归纳与分类。但是他们习惯依照前人的示范和原有的模式做事，过度遵循惯例，所以不能灵活应变。

为人处世弹性不足有什么坏处呢？这主要体现在人际关系上，因为不管做得多么好，高标准的第一型人总会发现存在改进的空间，而对自己、团队伙伴甚至上司，第一型人都觉得有错误就应该立即改正，若有人不配合，他们会先苦口婆心地劝导，倘若团队成员不认同他们，双方可能就会产生冲突。

很多人说“魔鬼藏在细节里”。第一型人对考试得九十九分是绝对不满意的，他们非要使劲把那一分给找回来不可。第一型人特别喜欢追究细节，因为他们相信细节决定成败，但是细节真的能决定成败吗？有些时候，关注点太小，反而会忽略大局。管理学老师会说：“质量和服务是不可以无限改善的，因为它们意味着成本。”细节对于成败是一个必要条件，但成功的要素可能还有其他，例如士气、速度等，这些都是第一型人作为领导时需要注意的。

雕刻哲学

有人问雕刻大师：“大师，您是如何刻凿出这栩栩如生的狮子的？”

雕刻大师说："狮子本来就在这块大理石中呀，我只是将不属于狮子身体的石块凿掉罢了。"

多余的石块，就相当于第一型人眼中的错误，都是需要去除的。第一型人对于改变十分迫切，这就好比雕刻大师得到一块上好的原石，就想要立即一展其炉火纯青之技。雕刻大师使用凿刀和铁锤来雕琢艺术品，而第一型人则是用规章和纪律来纠正他们的世界。

客观评判，理性正义

Ⓐ 改变说话口吻

在第一型人的脑中存在一个批评者，这个批评者不断地告诫他们放纵欲望是会受到谴责的，堕落是罪恶的。他们遵"旨"行事，一生都在理性自律与原始本能之间承受着挣扎与压抑，徘徊在圣与凡、道与欲、修与纵的界线上。生而为人，"坚忍"就是第一型人所认同的客观性准则。

第一型人生气时，常常不觉得自己在生气，他们总是像大人训斥小孩子一样告诉别人怎么做才是正确的。其实，这正是第一型人对世界表达"爱"的方式，就是因为爱你，所以不希望你犯任何错误。但是，在很多人眼中，他们这是多管闲事，没事找事。很多人会质疑，凭什么由第一型人决定什么是对的、什么是错的呢？

第一型人想要避免因此产生的人际冲突，就要适度调整说话的口吻和态度，中肯地传达中心思想："虽然无法做到完美，我们却可以尽量地接近它。秉持向上的态度，每个人都会越做越好，直到最好。"这个道理人人都懂，只要好好说话，大家便能心平气和地携手往完美的方向前进。

Ⓑ 说事实不要批判

当性格健康度下滑时，第一型人面临的最大的人际冲突源于每个人对标准的认知不同。他们批判自己，也挑剔别人，达不到标准时，便会自己生闷气，或是揽下他人的工作，把自己累得半死。

即使脑中批评者的指令告诉他们"生气是不对的"，但直接指导第一型人的是直觉，不是逻辑。通过批评者的指令直接导入的行为要求，这被第一型人称为"操守"，这跟喜欢思考的脑中心的人不同。因此，我们可以说第一型人认识中的"理性"其实是很情绪化的。如果人们犯了他们眼中的低级错误，而且事后无动于衷的话，他们心中就有怒火，但是又要压着。"批评"是他们独特的缓解焦虑的方式，他们的目标不是让你明白什么道理，而是指出错误，让你去改正。

想要避免这种矛盾，第一型人在与人沟通时就应该纯粹地摆事实、讲证据，不带预先批判的语气，很客观地指出目前遭遇的困境，并邀请对方一同针对问题提出解决方案。举例来说，面对上班总是迟到的人，第一型人不应直接责问对方“你为什么迟到”，因为“迟到”这个词已带有批判性，在下这个结论之前，需要先提供人、事、时、地、物的佐证：“星期一你的打卡时间是9点32分，星期三是9点12分，星期四是9点45分，依照公司规定，上班时间是9点整，而这个星期你有三天在9点以后上班”。然后告诉对方这样的行为会产生怎样的后果，例如会影响管理，再讨论如何改善问题。若是关系重大或关乎众人的议题，甚至可以形成议案，大家公开透明地进行讨论，找出解决之策。

如此一来，大家就不会觉得自己只是听令办事或者受到指责，反而还会主动增强责任感，愉快地接受建议。但若遇上对方不领情，不愿意接受或配合的情况，也可能发生冲突。

仗义执言、妄加褒贬

Ⓐ 倾听是迈向完美的基础

性格健康程度良好的第一型人是一个现实的“理想主义者”，他们有一种“知其不可为而为之”的执念，明知道这些标准谁也达不到，却还是要坚持。这份坚持也导致了他们的自傲。他们认为其他人还在原始欲望和冲动之中，其灵魂是混沌的、堕落的，而他们已经走上认同理想、精益求精、力求完美的大道，即便自己还不能达到，他们也要根据正义之理提出这个最高标准，而且这个最高标准不仅仅是为了自己提出来的，更是为了大家提出来的。不知不觉之中，他们摆出了比其他人更高的姿态，认为自己已经在被拯救之列，而且比别人更加努力。

第一型人经常批评别人，但是对于别人的建议，却常常"敬谢不敏"。这是因为第一型人自我要求高，对他人批评的忍耐度低。万一自己真的犯错，他们可能会不停地争辩，彻底否认。

我们要提醒依义理行事、正直敢言的第一型人，"倾听不同的声音"是迈向完美的基础。

Ⓑ 包容多元想法的重要性

性格健康度良好的第一型人追求理性客观，不希望自己在实现理想的过程中受到个人感情和欲望的影响。

但随着性格健康度下滑，他们坚持内心道德的自制力也不断降低，直至丧失自我约束力，这时，他们的言行和思想就开始失控。他们常常处于放纵与自律之间，一边倡导着道德的重要性，一边却又做出不道德的行为，过着为自己开后门的双面人生活。

第一型人常常忽略了每个人都有强烈的个人偏好这一事实，即便他们拥有把世界变得更美好的善意，却失去了人情味，进而引发人际冲突，失去了众人的支持，最终可能被大家仇视。

第一型人应当明白的是，每个人都有各自的生命轨迹，道德不只约束表面行为，更需要人们发自内心地遵从才有价值。我们姑且不论人们心中想法是对还是错，是正义还是邪恶，首先应表示包容与体谅，而不能以绝对的善恶二元论看待这世界。宽容才是让世界变得多元、美好的关键，毕竟彩虹之美正在于它的多色并存。

五大相处秘诀

1. 自我提升：第一型人欣赏精益求精的人，认为人活着就是要不断进步，也许他们不会当场表扬你，但心里面会认同你的做事模式。
2. 态度严谨：第一型人认为处世的正确态度是谦冲自牧，他们认为自满自大、狂妄不羁的人是错误的。
3. 直截了当：与第一型人交往时，用诚恳的态度以礼相待，但沟通的内容要准确并详细，表达观点时要合乎逻辑，不要绕圈子，要直接、坦白、直指问题核心。不要让第一型人觉得有什么猫腻，不要尝试要手段操纵他们，要让他们知道你是可以信赖的。
4. 注意细节：请你理解第一型人的挑剔，他们只是为你着想，想帮忙而已。与他们约会时你一定要守时。他们通常外冷内热，你要理解和包容他们的高标准。

5. 知过改过：在第一型人面前，有错误就承认，而且要立即改正。第一型人容易看到别人的错误，但他们是善意的，所以不要指责或反驳，要采取最简单的办法——改正错误。

第一型人是上天派来的礼物，他们可以让你进步，所以请你欣然接受这个礼物吧！

2 热心助人者

我是为你好

最佳代表特质

- ☐ 我经常参加朋友聚会，朋友常常夸我是菩萨心肠。
- ☐ 我无私地奉献爱心，特别是对那些我关心的人。
- ☐ 我的同理心使我能够感知别人的情绪和需要，别人喜欢向我吐露心事。
- ☐ 我关心他人的需求，总是以别人为先，自己想要的则很难向人启齿。
- ☐ 和别人交谈时，我会尽量坐得离他近一点，甚至握着他的手，并且不时地以关爱的眼神看着他。
- ☐ 我知道怎么让别人喜欢我，我希望别人把我放在心上。
- ☐ 在朋友群中，我是一个不可或缺的人，他们不能没有我。
- ☐ 我想要的，即便我没有说，我的另一半也应该知道。
- ☐ 我不会宣扬我帮助了某人，但是如果那个人没有注意到我为他所做的事情，我心里多少会有些不愉快。

☐ 我会因为自己所帮助的人获得成就而真诚地感到开心与光荣。

针对每项特质进行自我检视，分别评分再计算总分。

从不如此：0 分 / 偶尔如此：2 分 / 有时如此：3 分 / 经常如此：5 分

总分是______________。

小人物大特写

A 君素来热心助人。有一天，A 君与 B 君相约爬山。B 君见 A 君背了个大背包，心想：只是走个登山步道，有必要扛一个那么大的包吗？

原来，大背包里装了四瓶水（A 君担心 B 君没带水），两条毛巾（已冰镇），两个饭团，一盒水果（已切成小块），两把雨伞，一瓶防蚊液，还有一支止痒软膏。

B 君心里疑惑，这些东西用得到吗？随着海拔增高，气温逐渐下降，又有树丛，所以蚊子也多了起来。B 君突然发现有蚊子正在咬自己，他正想要一巴掌拍死蚊子，没想到，热心的 A 君已经拿了防蚊液喷向蚊子。

B君说："防蚊液不是杀虫剂！防蚊液是喷在人身上的，这样蚊子就不想靠近你了！"

A君说："我知道啊！我就是要让别的蚊子都不愿接近这只咬你的蚊子，让它没有朋友！"

第二型人会主动关注朋友的需求，做任何事情都会主动为朋友多考虑一些。同时，第二型人希望大家都喜欢他，从而获得"好人缘"的美名。失去朋友及其信任，对第二型人来说就是最痛苦的惩罚。

助人为乐，以人为先

Ⓐ 充满爱心的人

我们常说助人为乐，但其实这是有前提的。试想一下，如果我们有充足的时间，自然会乐于助人，但如果没时间，我们还会伸出援手吗？许多人为了生计自顾不暇，而在这种状况下，第二型人却会"挤出时间"来帮助别人。快乐就是行好事，第二型人总是心存善念，并且时时行善，因此他们身上总是散发着令人愉悦的快乐光芒。

许多人抱着“各人自扫门前雪，休管他人瓦上霜”的心态，比如朋友来借钱，有的人就算有钱也不一定会慷慨解囊，但是第二型人却有可能为了借钱给朋友而向其他人借钱。

代表人物 陈树菊

陈树菊女士是一名菜贩，她把辛苦摆摊卖菜所赚取的收入陆续捐赠给公益机构、图书馆。她每天都从清晨工作到深夜，省吃俭用，就是为了把收入存下来做慈善。她说这样帮助别人，她做梦的时候都会开心地笑！

她的义行：

◇ 捐出父亲留给她的遗产 23 万元给佛光学院；

◇ 捐出 23 万元给仁爱小学，设立急难救助奖学金；

◇ 捐出 103.5 万元给仁爱小学，兴建图书馆；

◇ 捐出 23 万元给阿尼色弗儿童之家，照顾弱势儿童（因为被倒债，原先准备要捐出的款项一夕消失，为了兑现捐款承诺，她用保单向保险公司借钱，完成捐助）。

她获得的荣誉：

◇《福布斯》杂志：亚洲慈善英雄人物榜（2010 年）；

◇《时代》周刊：最具影响力时代百大人物之“英雄”（2010 年）；

◇《读者文摘》：亚洲英雄奖（2010 年）；

◇ 台湾地区教育事务主管部门：一等教育文化奖章（2010 年）；

◇ 麦格塞塞奖基金会：麦格塞塞奖（2012 年，在颁奖典礼后，她立即将奖金全数捐出）；

◇ 台东县政府：鹿林天文台发现的编号第 278986 号小行星被命名为 Chenshuchu，即陈树菊女士的中文名字音译。

Ⓑ 以人为本

第二型人非常重视以人为本，在工作中尽量营造友善的氛围，成为领导时也处处为他人着想，会把自己放到员工的位置上，看看大家有什么需求，然后尽可能提供协助。

第二型人喜欢建立友情关系，认为要实现任何目标，都要以人为先，这样才能把事情做好。

所以第二型人开的公司，通常福利都非常好，他们会帮员工考虑所有的问题，甚至会帮下属扛一些事情。

荣获“全美演讲家协会影响力大师奖”的销售大师吉格·金克拉（Zig Ziglar）说：“只要能够帮助足够多的人得偿所愿，你人生中的大小事也就可以得偿所愿。”希望得到自己想要的，就先帮助别人得到他们想要的，以人为先，这也正是第二型人奉行的法则。

同理关怀，人脉平台

Ⓐ 给予安慰的同理心

第二型人每时每刻都在关怀他人，并能从言语交谈中迅速理解对方的感受，这种“感受别人的感受，能够设身处地地去体谅他人情感”的特质，就是同理心。他们可以很快地跟你的情绪同步：当你开心时，他们陪着你一起大声欢笑；当你伤心落泪时，他们也会黯然神伤。他们的心仿佛可以跟你的心相通，能够站在你的角度去听、去看、去感受。

因为专注他人的需求，第二型人在察言观色方面练就了一流的敏锐度，这简直就像一种超能力。出色的察言观色能力让第二型人在人际关系上所向披靡。在你还没有开口的时候，他们就已经说出你想说的，甚至你自己都还没有想到的事情，他们就已经默默地在为你准备了，因此他们很容易让你感动。

Ⓑ 丰富的人脉

第二型人喜欢被人需要的感觉，人际关系是他们生命的重心。因为热情好客，他们的朋友遍布五湖四海。他们的社交能力很强，自然也具备强大的影响力。在一个团体中，即便不是位居高位，他们也能轻松搞定一切。在企业里，影响力和洞察力都很强的第二型人，常常成为老板的心腹。

由于特别爱分享，第二型人简直就像一个专业的综合中介，常常与人方便，例如“要订饭店？报我名字打对折”“装潢找小胖，拿我名片去，保证友情价”。

第二型人特别喜欢人缘好的人，大家都有很强的社交能力，可以互相分享手上的资源。他们往往通过交流一些对大家都有好处的事情，来巩固彼此间的友情，并展示自己的人脉实力，有些第二型人还很喜欢给别人介绍男女朋友。

热心付出，温暖体贴

Ⓐ 全能的“爱心妈妈”

第二型人就像个爱心妈妈：谁咳嗽了，他们就会“变出”感冒药；谁没带伞，他们就会“变出”爱心伞。因此大家都非常肯定他们的热心付出。

热心付出是第二型人很明显的特征，他们主动帮助别人，温柔体贴，嘘寒问暖。“爱”是他们给予大家的，同样的，他们要的也是“爱”。不过这里说的“爱”并不是指爱情，而是指彼此之间的关爱，把对方的需要和感受看得比自己的重要，形成一种很亲近的关系。

Ⓑ 渴望被爱

“渴望被爱”是第二型人的关键动机，他们在意的就是这种爱的关系，并且希望浓度越高越好，彼此的距离越近越好，因此他们毫无保留地付出，试图和对方建立亲密的关系。

渴望被爱的同时，他们压抑了自己真正的需求，甚至因为害怕遭受失望而不敢接受关爱，这种困扰和矛盾主要源于两点：一是害怕自己因为占用了别人的资源而显得自私，导致无法得到别人的爱；二是害怕别人怀疑自己的用心，认为自己只是为了得到赞美或回馈而付出。

第二型人觉得其他人是强大的，并且可能会拒绝他们，因此他们想通过为别人服务的方式来对抗外在的世界。而且他们必须表现得非常好，这样别人就不会拒绝他们了。

可以这么说，第二型人和世界打交道的方法，就是用爱来控制这个世界，通过尽力迎合对方来避免被对方抛弃和拒绝。

代表人物　玫琳凯·艾施

美国玫琳凯化妆品公司的创办人玫琳凯·艾施（Mary Kay Ash）认为，“你想要别人怎样对待你，你就要怎样对待别人”。在这条黄金法则的指导下，她创办了年销售额超过20亿美元，拥有80万名推销员，在全球拥有超过2000万名忠实顾客的成功企业。

玫琳凯化妆品公司规定，在批评他人时要非常谨慎，不要伤害到对方：

1. 力求具体而明确，批评的目的是指出错在哪里，而不是要指出错的人是谁；

2. 在提出批评时，一定要先关心对方，而且要注意方法，营造出易于双方交换意见的氛围；

3. 先表扬，再批评，而且不要当众批评。

玫琳凯公司的培训中还有一个很强势的目标："我们要满足客户所有的需要，客户即便只是动了要和我们的竞争对手合作的念头，我们都会觉得惭愧"。第二型人用爱来"控制"世界，他们认为，"一旦你接受我的爱，你就是我的人了"。

无私奉献，以德报怨

Ⓐ 以爱化解仇恨

"爱"是正面的力量，第二型人是不能接受自己有攻击性的情感的，因此当他们发现自己讨厌一个人的时候，他们会压抑这种恶意攻击的情绪，转而以爱的正面方式将情感表达出来，此时的他们会感觉自己是伟大的、无私的。

第二型人特别容易发现别人的优点和潜力，他们发现了以后就会告诉对方，所以他们很爱赞美别人。

赞美他人，给人肯定与鼓励，散发正能量，能体现第二型人的修养。但是不习惯被赞美的人，会认为他们在拍马屁。

第二型人情商很高，也很乐观，但相对的，他们重视人性，却不太重视原则，当人性与原则发生冲突的时候，当领导的第二型人很容易往人性这边倒，管理下属时容易受情绪影响。如果两个员工都跟第二型人领导哭诉绩效完成不了，他会选择帮助哭得更惨的那一个。

第二型人正面积极，热心助人，并且八面玲珑，这是想让大家都喜欢他们，把他们当成善良的天使。第二型人与其他类型的人不同的地方在于，他们一辈子都在做好事，这是评鉴第二型人的黄金标准。

我们反向思考一下。孟子说："徒善不足以为政，徒法不能以自行。"在以人为本的环境里，领导者容易在工作上过度偏重人情，从而做出情绪化的决定，或者忽略做事的原则和规定，导致在组织行为中缺乏客观标准，这会让员工无所适从，也会对企业的经营造成致命的伤害。

有好的初衷、道德理想，却没有完备的制度、规范以及坚定的实践决心，缺乏贯彻到底的执行力，这样的企业或团队终究是难以发展的。

不仅要劝人为善，还要以法治为辅助。世界上没有完美的人，唯有不断自我觉察与调整，每个人才能变得更好。

Ⓑ 渴望对等的关心

第二型人最怕的是不被别人需要。如果有人需要他们帮忙、喜欢他们帮忙，对他们来说就是很大的肯定与鼓励。但除此之外，难道他们什么都不需要吗？

性格健康度普通的第二型人，希望自己给人留下无私奉献的印象，希望自己看起来是无欲无求的。但事实是，当有需求的时候，他们会将自己的需求压下去，表现出没有需求的样子，而内心却十分希望他人能像自己为别人着想一样来关注自己的需求。

性格健康度不佳的第二型人，会重视人际关系的对等性。例如，他们会想："你心情不好，我陪你喝喝小酒，下回若是我有状况，你是不是也愿意陪我唱唱歌？"如果发现对方没有维护好彼此的关系，他们也许会在合适的时机暗示对方不够意思，但是通常会以"对你更好"的方式来表达他们心中的不平衡。他们觉得自己有传递爱的义务，希望自己给人的爱是无私的，因此会抑制自己的需要和渴望，甚至把自己的需求理解成别人的需求。

管理哲学

《高效能人士的七个习惯》的作者史蒂芬·柯维（Stephen R. Covey），曾帮四位美国总统做过辅导，被《时代》周刊誉为"人类潜能的导师"，并被评为全美25位最有影响力的人物之一。连俄罗斯总统普京也对他表示赞许，并说为什么俄罗斯没有一位像史蒂芬·柯维一样的思想家？

《高效能人士的七个习惯》被翻译成38种语言，是史上最卖座的管理书之一，有许多大企业将这本书作为培训教材，相关课程遍及全球95个国家和地区。

这本书用"感情账户"形容人和人之间的关系，感情账户里的"存款"，会因为别人与你的互动状况而有所增减。当你在待人处事上，能关怀别人、亲切有礼、主动负责等，你在对方感情账户中的"存款"就会增加，获得他人的肯定与信任；反之，若你有背信忘义、自私自利等行为，感情账户的“存款”就会减少。一个人在感情账户中存储的“钱”越多，自然就越能达成最后“公众的成功”。

僵化的感情账户

第二型人在乎感情账户的“存款”，但因情感无法量化，他们常常担心，当对方向自己表达关怀时，自己在对方的感情账户中的“存款”是否还够？他们也担心一旦接受帮助，会不会就倒欠了对方呢？他们的本意是为了维护双方关系，最后却变成情感付出的竞赛，生怕自己用光感情账户中的“存款”，也怕对方没有跟自己一样在努力“存款”。长此以往，维护双方对等的爱僵化了，最后本质也被扭曲了。

一旦对方的付出与期待不符，性格健康度不佳的第二型人就会认为对方自私自利，不懂感恩，这将会对他们的人际关系造成负面影响。

辅助绩优，间接索爱

Ⓐ“老二哲学”

第二型人看人都是看优点，特别容易发现他人的潜力，他们信奉“老二哲学”，甘于当陪衬红花的绿叶，而且把协助他人开创大事业当作自己的成就。只要选定对象，他们绝对会尽心尽力地辅佐，直到成功。当然，他们会挑选“绩优”的人，一方面成功率较高，对方一旦成功，自己也与有荣焉；另一方面，在资源有限的条件下，这也是一种聪明的配置。

Ⓑ 迂回讨爱

第二型人内心渴望别人也发出爱的信号，从而让他们感觉到自己是真正被爱、被需要的，可以说他们想要的感觉，必须是由别人提供给他们的。这种爱的表达不是直接的，而是间接的。

性格健康度不佳的第二型人，压抑着自己的需求，有很多复杂的情感与动机。他们希望自己是无私的、善良的，如果直接索取需要的东西，他们会在潜意识里认为自己将受到惩罚。所以当第二型人想要寻求所需时，总是会刻意采取迂回的方式。

对性格健康度不佳的第二型人来说，他们希望爱是有所回报的，他们会心想：“我那么照顾你，没有我，你哪里有今天？你现在能这么好，不就是因为有我的帮助吗？你怎么可以不好好地报答我？”虽然嘴上不说，但是他们会执着于别人的感激与回应，这种状态下的第二型人其实是在讨爱。

特权待遇，盛情难却

Ⓐ 占有的欲望

有时候第二型人对他人的好，会给他人造成很大的压力，甚至让人想要躲避他们的细心照顾，这时他们浓浓的美意变成了一种沉甸甸的负担。

性格健康度不佳的第二型人，常会放弃自己原本的需求和喜好，尽可能让对方先得到满足。他们希望对方感受到爱后，也能够有所报答。一旦没有感受到回应，他们就会担心自己不再被爱，内心的占有欲就会滋长，而且越来越强。

另外，性格健康度不佳的第二型人会希望自己有办法或能力永远为朋友所需要，为了让别人对他们产生依赖，他们甚至会采取一些非常手段。

Ⓑ 这是你应该为我做的

性格健康度良好的第二型人深信施比受更有福，所以他们愿意牺牲自己的金钱、精力、时间，去帮助身边的人。

因为性格健康度不佳的第二型人始终以爱的正面思维隐藏着自己的攻击性，所以他们隐藏的不只是负面的行为，更是自我道德形象冲突。当他们愈来愈受伤，具有攻击性的情感就会愈来愈强，再经过自我欺骗，转而会用“我这么做都是为你好”的借口来控制别人。例如暗地里依照自己的意思替对方把事情做了安排，这看似是帮助，实则是越俎代庖，想要别人按照他们的方式去做事。一旦对方发觉被操纵了，双方就可能产生冲突。但即便可能对别人造成伤害，第二型人也仍然认为自己完全出于善意。

其实，性格健康度普通的第二型人对于自己的需求是难以启齿的，但是性格健康度下滑较严重的第二型人则会认为自己已经为别人付出了这么多，自己提出一定的需求是理所当然的，更有甚者，认为自己应该比别人更有资格享有特权。然而随着他们的性格健康度下滑愈来愈严重，这样的自我辩解会愈来愈站不住脚。

五大相处秘诀

1. 态度亲切：在第二型人的眼里，人分为善良的和自私的两类，如果你是态度亲切、善良大方的那一类人，他们就会喜欢你，就会和你亲切地沟通。

2. 付出行动：爱的能量流动是相互的，你帮我、我帮你，这是一个良性的爱的循环。

3. 察言观色：他们重视快乐、正面的感受。多表达个人积极的感受，会令他们感到兴奋。

4. 以人为本：他们最感兴趣的话题是人，你要学会欣赏他们的付出，并诉说他们在你心中的重要性。很多时候，我们都爱说“对事不对人”，但第二型人做每件事都是对人的。

5. 表示感谢：不要轻易拒绝他们的帮助，如果要拒绝，前面一定要加一句“我知道你是为了我好”，而且不要忘记对他们表示由衷的感谢，态度真诚而直接，最后提醒他们也要适当地关心自己。

3 成就追求者

不怕神一样的对手
就怕猪一样的队友

最佳代表特质

□ 我是朋友眼中的“成功人士”。

□ 我这么努力，就是希望最后的劳动成果能换得大家的称赞和掌声。

□ 我是公认的推销员，说服别人对我来说不是一件难事。

□ 大家都认为我很有效率。我很会把控时间，就算有时需要牺牲原则，我都可以接受。

□ 我觉得自己是个工作狂，为了完成工作任务，我常常熬夜，甚至没时间吃饭。

□ 穿名牌会让我更有自信，我会在众人面前表现出自己最好的一面。

□ 我追求的不是 100% 的目标，而是 120% 的目标，因为这样才能显示出我的优秀。

□ 我是个独行侠，我不喜欢被效率不高的团队拖累，要想跟我一起做事，你得有两把刷子。

□ 我常常忽略内心的情绪和感受，当有负面情绪时，我就会给自己打气：“我是最棒的。”

☐ 我喜欢赢过别人的感觉，但是在没有把握赢过对方之前，我会先冷静地观察一下。

针对每项特质进行自我检视，分别评分再计算总分。

从不如此：0 分 / 偶尔如此：2 分 / 有时如此：3 分 / 经常如此：5 分

总分是______________。

小人物大特写

学校举行的比赛众多，有篮球、诗歌朗诵、大队接力等。俞老师要求学生一次又一次地排练，比赛前总是听到俞老师鼓舞学生："比赛，就是要夺得冠军，拿到锦旗，别无他念！"

有一位家长看到孩子课业压力沉重，连休息睡觉的时间都不够，还要花精力去准备学校的各项比赛，于是向俞老师反应，希望俞老师不要那么计较名次。

俞老师当众对这位家长说："学校举办一次次的比赛，为的是培养学生的集体荣誉感。精彩的比赛展现了孩子们的训练成果，他们拼尽全力是向对手致敬的表现。第一拳就被打倒的人绝对无法赢得任何人的尊重。

比赛的目的就是要让学生努力夺得冠军。虽然总是有人说‘胜败乃兵家常事’，但我们真的心甘情愿当一辈子输家吗？我们一定要在赛场上全力以赴，努力与对手竞争。”听了俞老师的这番话，这位家长被说服了。

人们常说：“不怕神一样的对手，就怕猪一样的队友。”谁都怕有猪一样的队友，这个很容易理解，但是你真的希望有神一样的对手吗？在第三型人的想法里，若没有优秀的对手，那么“赢”就是没有意义的。他们认为对手决定了自己的价值！

模范榜样，潜能激发

Ⓐ 特别重视工作效率

每个人活在这个世界上都需要创造荣耀与价值，活出属于自己的光辉，而这也是第三型人拼搏的核心动力。第三型人的目标就是要成为一个有价值的人，一个值得别人尊重、学习的榜样。

在企业管理中，最重要的两项评估指标就是目标和绩效。有了目标和绩效的要求，才能让每个员工清楚地知道企业的发展方向。值得一提的是，这两项指标简直就是第三型人生活的焦点。他们特别重视工作效率，喜欢用最有效的方法、在最短的时间内实现目标，当然，这个目标必须能为他们带来丰硕的成果，而这些成果正是支持第三型人不懈奋斗的动力。他们不但会定期为自己规划目标，还会在这个过程中注意进度，看看自己是否依照规划的进度进行。第三型人希望能给他人留下正面激励的印象，并获得他人的正面回应。他们把精力花在完成好任务、做好分内之事上，而且相信自己所做的一切能够成功并具有价值。

Ⓑ 充满正面积极能量

第三型人之所以能成为众人的榜样，是因为他们把“展现个人的最大价值”作为生活的目标。他们具有强烈的企图心和上进心，所以他们的生活态度相当正面、积极，实现自我价值的动机十分强烈。他们特别愿意学习，因为学习是提升自我价值的唯一途径，唯有不断地自我突破，才能激发自己更大的潜能，所以第三型人很容易成为团体中的佼佼者。

第三型人充满正能量，犹如一颗闪耀着光芒的巨星，他们乐于成为人们的榜样和关注的焦点，他们的自我意识可以从别人的欣赏中得到滋养与提升。很多人喜欢接近第三型人，主要原因是人们都喜欢向优秀的人学习。

第三型人是激发人类潜能的高手。他们相信，注意力放在哪里，成功就会在哪里，尤其是“自我对话决定你是谁”。简单地说，如果你想变得快乐，就要先停止去想那些会让你不快乐的事情；如果你希望变得有钱，就要下定决心，停止做那些会让你变穷的事情。这即是所谓的“境由心造”。他们相信正面的自我对话能帮助人达成愿望。

量子力学

《未来预演》的作者乔·迪斯本札是一位脑神经学医生，他从科学的角度告诉我们如何运用大脑，以实现我们想要的人生。

书中结合最新脑神经科学理论和古老的静坐智慧，鼓励人们打开意识与潜意识的大门，大胆地改变惯性思维，突破那个习以为常的自己。当意念与感受真正合二为一时，潜意识会发送信息到量子力场，让我们的意念成为真实的生命经验，使美梦成真。

敢梦敢想，成为最棒的自己，你今天所想的一切决定了你明天的生活方式，这正是第三型人的行动哲学。

杰出成就，专注目标

Ⓐ 爱表现的绩效主义

老板最喜欢第三型人员工，他们特别容易成为创造绩效的标杆。有时当我们看到设定的目标，心里产生畏惧的时候，第三型人已经在全力以赴地实现目标了。

设定目标后，爱表现的第三型人很快就会跳出来，他们不怕出头，就怕出不了头，他们喜欢张扬，希望成为生活的赢家，要赢就要盯紧目标全力以赴。任务一交到他们手里，他们便会整天没日没夜地忙碌，他们可以忽略自己的感受，可以忽略人际关系甚至身体健康。我们会觉得很多第三型人的身体像是铁打的一样，从来不生病，一旦他们生病，很可能得的就是大病。他们知道，要想达成目标，就必须牺牲一些东西。

他们有种“独行侠”的个性，一旦认定目标就会努力向前冲，不屑于公司内部的勾心斗角，因为他们是淡薄的，而且只会把注意力放在目标上。第三型人在事业的早期阶段特别容易被晋升为领导，属于九型人格当中较早被提拔的一种类型。

第三型人一旦做出成果就一定要别人知道，否则便认为成果就是没有价值的。他们喜欢活在鲜花和掌声中，通过外界的表扬来感受别人的认可，由此找到人生的价值。

Ⓑ 只要第一名

第三型人当领导有什么好处呢？一旦性格健康度良好的第三型人当了领导，他们通常会以绩效为导向，一切拿成绩说话。作为领导，他们希望能激励团队快速冲刺，实现目标。而且很多第三型人的目标通常不是老板给他们设定的，而是他们在原有目标的基础上，以 120% 的标准来为自己设定的，这就是他们的成就总比一般人高的原因。他们带领的团队常能做到跨越式的前进，“第一名”是第三型人永恒不变的人生目标。

优良的绩效管理系统可以帮助企业实现高效运作。采用聪明而有效的做事方法一向是第三型人高度推崇的工作准则，而充满挑战与机会、奖罚分明的工作环境正是第三型人最喜爱的。

管理哲学

管理学大师彼得·德鲁克（Peter F. Drucker）在著作《管理的实践》中提出，“目标管理”是能使团队和员工把工作从被动变为主动的一个很好的工具，既能让员工明确、高效地工作，也能为绩效考核制定出目标和标准。有了科学化、规范化的管理机制，才能保证考核的公正、公平与公开。如果要落实到技术层面，管理者必须学习并掌握 SMART 原则，并且让每个人参与制定目标的过程。所谓 SMART 原则，包含以下五点：

1. 目标必须是具体的（Specific）；
2. 目标必须是可以衡量的（Measurable）；
3. 目标必须是可以达到的（Attainable）；
4. 目标必须和其他目标具有相关性（Relevant）；

5. 目标必须具有明确的截止日期（Time-based）。

卓越速达，主动竞争

Ⓐ 只许成功，不许失败

在九型人格中，个人荣誉感最强烈的就是第三型人。他们为了让自己更出色，愿意付出加倍的努力，即所谓的“吃得苦中苦，方为人上人”。有些类型的人遇到失败会哭天抹泪，还需要别人安慰，但第三型人不会，他们跌倒后会马上爬起来，可能连伤口都不擦就继续向前，这是他们一以贯之的态度。

性格健康度良好的第三型人自我情绪管理能力非常强。对他们来讲，小挫折不意味着失败，如亚洲成功学权威专家陈安之老师所说：“你没有失败，你只是现在还没有成功，坚持到底，就会成功。”

性格健康度良好的第三型人会追求团队的共赢，但当性格健康度下降到普通程度的时候，他们会认为放弃就是为敌人让路。不甘于平凡的他们竞争意识很强，在机会面前从来都是当仁不让的，这是他们“赢”的意识的表现。同时，优秀的合作伙伴也会被第三型人设定为所要超越的目标，第三型人坚持的目标就是成为团队中“最优秀”的人。

赢家哲学

把“赢”这个字拆开，可以分解成“亡”“口”“月”“贝”“凡”五个字。这五个字说明一个人要想赢过别人，应该注意五个条件：

“亡”代表必胜的决心；

“口”代表要懂得如何利用口才；

“月”代表岁月，强调的是对时间的管理；

“贝”在古代是一种货币，现在代表绩效、目标；

“凡”代表平凡、平常心。

Ⓑ 实用主义者的友情关系

第三型人总是紧咬目标不放，抱着必胜的决心，不吃饭不睡觉也要完成目标。娱乐是为了工作，维护人际关系也是为了工作，和工作没关系的事情他们都不参与。第三型人的所有朋友都是他们的客户，他们的注意力只会放在客户身上。有时候你会发现，他们平时一直都不理你，但当你被他们认为是客户的时候，他们就理你了。

为了得到人们的关注与赞赏，第三型人会积极地带领团队，接受高难度的任务。然而挑战高难度的目标，完成艰巨的任务对很多其他类型的人来说，是很有压力的。团队中不适应高压竞争的人便会觉得第三型人过于功利，没有人性，把别人当作棋子来看待。

第三型人在交朋友的时候，会对朋友的潜力做评估，这导致他们很难和其他人建立单纯的友谊。但对“实用主义”的第三型人来说，谁是朋友并不是很重要，重要的是能够帮助自己成功，因为只有成功才能受到众人的尊敬。

善走捷径，力求关注

Ⓐ 乐于学习和进修

第三型人是以结果为导向的，以结果为导向的人通常灵活性很强，相信自己可以用最高效的方式得到最佳的结果。但过于追求效率的第三型人，也容易在这个过程中产生人际关系的冲突。比如关于插队这件事，性格健康度普通的第三型人是有可能插队的，因为只要可以“快”，他们就可以暂不考虑其他问题。第三型人的自信来自他们能漂亮且准时地完成目标，而当他们急切地想要实现目标时，往往容易过度专注于对速度的追求而忽略他人的感受，这会给他人带来压迫感和侵略感，让他人觉得没有得到尊重。

学习可以累积实力，提高工作的效率，加快目标实现的速度，所以第三型人乐于学习和进修。为了达到“学之能用，用之能战，战之能胜”的实用要求，同时为了整个团队可以达到跃进式的绩效要求，第三型人也会督促团队成员参加培训、不断地自我成长。然而，每个人都有自己的计划与安排，第三型人过多的要求与激励也可能会让他人觉得压力太大，进而产生人际关系的摩擦。

Ⓑ 容易低估风险

性格健康度普通的第三型人讲求效益，不会在细节上费太多功夫，能够实现目标才是王道。为了实现目标，他们认为在不影响结果的前提下，即使牺牲质量或游走于灰色地带也无伤大雅，所以他们对错误的容忍度是比较高的。其他类型的人或许会因此觉得他们爱投机或现实，但这也是他们能创造高绩效的原因之一。

然而，过度追求速度、只专注于目标的第三型人也要进行反思。由于求胜心切，他们容易高估自己的能力，却低估风险。只看到树上的果子，却没看到地上的坑，以百米冲刺的速度跑过去，这很可能让人掉到坑里。第三型人对事情没有全面性的思考，容易高估自己的掌握程度，这很可能成为他们成功的阻碍。

自我提升的要点

适应力强，善于变通

Ⓐ 做什么像什么

第三型人是时代的产物，他们追随时代的潮流，大环境推崇什么，他们就会为之努力，并且总能引领风骚。第三型人在现实生活中看起来很时尚，大多男的俊、女的俏，但其实他们的适应能力并不只表现在表面。

性格健康度普通的第三型人看起来很完美，因为他们做什么像什么。

第三型人在面对冲突时，会先忽略心中的感觉，保持理性，形象优雅的他们不会轻易得罪别人，总会想办法表现出最佳状态，让焦点回归到如何处理问题上。而对于冲突的处理，第三型人似乎有看穿人们心思的天赋，很容易摸透对方的想法，加上他们有很强的变通能力，总能够提出符合众人胃口的对策，他们自己也能随时根据需要完美地呈现各种令人赞赏的形象。

生物学家达尔文认为，能够生存下来的物种不一定是最强壮的，也不一定是最聪明的，而是最能够适应环境的。九型人格中适应力最强的就是第三型人。

Ⓑ 难觅真心

需要注意的是，性格健康度不佳的第三型人会不断地压抑情感，通过获得别人的赞赏、外在的推崇来确认自己的价值，于是配合演出的角色与真正的自我之间会产生巨大的隔离。正视自己的真情实感，成了他们最大的挑战。长此以往，任何人都难以走进他们的内心。

形象管理，自我营销

Ⓐ 包装出来的完美形象

性格健康度良好的第三型人是让人羡慕、崇拜的，他们常是众人的偶像。由于特别努力，而且专注于目标，他们的成果总是非常丰硕。而性格健康度不佳的第三型人的价值观会发生质变，他们担心自己没有价值，所以想通过包装来让自己显得有价值，导致重视“形象”胜过了“内核”。他们想成为一个完美、优秀的人，进而吸引他人的注意，却没有真正地创造价值，而只是在作秀、表演。

性格健康度不佳的第三型人不再关注自己有什么实力，只关注别人期待中的自己，此时的他们很注重自我包装，如同一个商品，包装的目的只是为了符合消费者的期待。第三型人喜欢用名牌、开豪车、住豪宅，因为他们想通过外在的修饰来告诉人们：“我是成功的。”他们每天出门都像是在演出，想用华丽的外表让别人相信自己是个有价值的人。

Ⓑ 找回真正的自尊

第三型人在生活中总是被人误解，很多人会对他们进行道德批判，认为他们急功近利、虚伪造作、不择手段等。事实上，第三型人是因为性格健康度不佳才会如此。过度的物质化的确会给人势利的感觉，太喜欢吹嘘、人情味淡薄也是他们人际关系欠佳的重要原因。

第三型人要注意自恋和自尊之间的差异。如果不是建立在真实实力之上的自恋，那就是自我欺骗，不要天真地以为只要能维护好自己的形象，就能成为人群中的明星。这一切虽然可以赢得掌声和鲜花，却无法真正拯救自己脆弱不堪的内心。

真正的自尊是知道自己的价值所在。因为只有知道自己的价值才会产生使命感，进而更清晰地实现目标。自信与内在情感有着密不可分的关系，性格健康度良好的第三型人是出色的榜样。

五大相处秘诀

1. 仰慕：与第三型人相处的第一件事情，就是要懂得欣赏他们的成就。第三型人实现目标的目的是希望人们看到他们的成果，没有被看到的成果是没有价值和意义的。你对他们有多仰慕，与他们建立友好关系的速度就有多快。

2. 提高效率：第三型人大多是急性子，做决定快、做事也快。与第三型人合作共事，谈论的方向总是如何达成共同目标，同时也需要高效率地配合他们，否则他们很容易失去耐心。

3. 热爱学习：为了提高做事的效率，为了表现热衷于自我提升的上进态度，也为了让自己的想法能被人们看见和肯定，第三型人喜欢出现在各种课程、读书会上。一方面他们想通过学习提升竞争力，另一方面也为了展示他们有实力参加昂贵的课程。

4. 适度竞争：第三型人喜欢和能力与他们旗鼓相当的人相处，不喜欢和弱者相处。这样他们可以享受竞争后获胜的快感，如果一开始没有赢过对方，他们便把对方视为学习的对象，之后再尝试超越他们。

5. 正向积极：第三型人喜欢正能量，与人沟通时喜欢把负面的词汇转换成正面的词汇，把对过去的不满转换成对未来的期待，如果你也能做到如此，你就能和第三型人很好地沟通了。

4 灵感创造者

只有在痛苦中
我才能感受到快乐

最佳代表特质

- □ 看完悲伤、哀愁的戏剧，想到死亡、痛苦的情境，我常常会沉浸在情境中，出不来。
- □ 如果我被误解或批评，我会自己一个人生闷气，谁都不理。
- □ 有时看到别人开心、欢乐，我会觉得他们的人生太肤浅。
- □ 别人容易被我独特的创意和深刻的内涵所吸引。
- □ 我觉得我是个悲剧演员，在人生这个剧场上不停地演出。
- □ 寻常、百搭的衣服我不穿，我穿的衣服一定要有自己独特的风格。
- □ 面对太过艰难的挑战，我容易崩溃；感觉不对的时候，我就想放弃。
- □ 我常常会想别人有而我没有的东西，有时候我想去找自己遗失的那一部分东西。
- □ 我的伴侣要能明白什么时候应该紧紧地拥抱我，什么时候应该自动消失，让我独处。

□ 我愿意付出任何代价，换取一个完美的心灵伴侣。

针对每项特质进行自我检视，分别评分再计算总分。

从不如此：0 分 / 偶尔如此：2 分 / 有时如此：3 分 / 经常如此：5 分

总分是＿＿＿＿＿＿＿＿。

小人物大特写

一月是中国东北地区的旅游旺季，一行人欣赏着漫天飞舞的雪花，听着导游小 H 的解说。望着旅行车外面的雪景，小 H 的眼神有些迷离，他说每次看到雪，他就会进入一种琼瑶式爱情的情境中，自己仿佛就是其中的男主角，在漫天飞雪中坐在湖边，披着一条淡蓝色的围巾，拿着一本书，凝视远方。

小 H 在导游业界小有名气，他特别喜欢开项目团。所谓项目团，就是一条旅游线一般只走一两次，然后就换地方。他喜欢打造有特色的旅游模式，大家都喜欢他所创造的独特感，所以他名下的旅行团名额通常很快就会被抢购一空。

他说，每次带团，他都会把身上的装备全部换新，包括衣服、背包、甚至行李箱。因为他不允许自己以重复的形象视人。

另外，他在买东西时，最爱买独一无二的特色款，绝对不买百搭款，如果销售人员跟他说："这件衣服全世界只有你适合穿。"那么不管多少钱，小H都会买。

赋予意义，情感创意

Ⓐ 渴望探究生命的意义

小D是互联网行业的翘楚，具有充满个性的审美情趣。虽然他只有初中文凭，但很会写文章，而且写的文章很"卖座"，自诩有节操、智商高。他这样说自己："我是个冒充作家的人，对文字的驾驭能力是很强的，我出口成章、自圆其说的本事是一般人望尘莫及的，所以别惹我，不然，我骂你，你可受不住。"

他最喜欢的是有充足的时间进行遐想，他说："当思考到了一个高度的时候，它就成了一个壁垒。我看事情的角度是尖锐的，我也以这样的角度看自己，这时，我会感觉智商升高了。"

小 D 有过很多坎坷的经历，遭遇过生离死别、牢狱之灾、创业失败，但提起这重重的心理创伤的时候，他却说：“这些经历增加了我生命的厚度。”他对金钱并不在乎，认为如果用“赚钱”来定义人生，那人生就太单薄了。

“我生命中的挫折让我活得比别人充实，我吃的亏比别人多，我走过的弯路比别人多，我的生命因为这些挫折而变得更光彩。因此，即便生命在此刻结束，我也没有遗憾。”

小 D 最羡慕史蒂夫·乔布斯（Steve Jobs），他认为乔布斯的思想厚度超过了所有企业家思想厚度的总和，而且乔布斯很自在、很随性，活得很自我。他认为乔布斯制造产品的思路是为了服务未来，虽然乔布斯衣着不讲究，但他一亮相整个世界都会为之倾倒。

有人问小 D，有时间、有钱的时候最想做什么，他说想办一个异人俱乐部，让这个世界上有思想的人可以天马行空地想象，他来保障他们的生活。

他提醒处于苦难中的人，不要沉迷，不要放弃，也不要把苦压在心里，多去找朋友聊天，人生需要一两个能陪你在深夜里流泪的朋友，帮助你缓解内心的压力。

第四型人的特点是个性很独特、直觉很强、十分感性。可以用珍珠来比喻他们，他们能把自己的经历转化成美丽的结晶，即便那是一个痛苦而悲伤的故事。他们深深地了解如何触摸心灵，倾听内在的声音，从环境中获得启发，激发灵感，获得无边无际的创意空间。

第四型人最大的特点就是很感性，他们希望自己做的每件事情，每天花的时间、精力，与人交谈的话题都富有深刻的意义，交谈的内容都能深入内心。第四型人的文字表达能力特别出色。“多情自古伤离别，更那堪，冷落清秋节！今宵酒醒何处？杨柳岸，晓风残月”。他们善用五官感受和独一无二的思维模式为眼前的情景赋予独特的意义。

Ⓑ 感性、直觉、想象力丰富

第四型人如果当上领导，一旦碰上问题，他们很快便能提出解决方案，而且往往能提出令人拍案叫绝的方案。同样是提出一个方案，第四型人提出来的往往是别人想象不到的方案。例如卖狗粮，他们会说：“我们卖的是‘狗狗生活的尊严’。”卖衣服，他们会说：“我们卖的是‘一个公众场合的焦点’。”他们不是销售产品，而是销售“场景化的感受”，以独具个性又能引发共鸣的特点在市场中树立鲜明的风格，所以在落实方案时，几乎没有市场的阻力，这是他们很强的优势。

我们常以获利能力或股价表现来评价一个企业的效益，但是如果我们要评价的是企业受欢迎的程度，就会转而关注企业文化、信用和员工福利等表现。

赚钱从来不是第四型人的首要目标，第四型人领导者重视创新，重视每个人的独特性。他们以创造幸福企业为理念，与员工互信，将权力完全下放。他们低调与不受拘束的天性，体现了追求真我与心灵感动的风格。

追求独特，探索缺陷

Ⓐ 敏感的直觉力

有人说第四型人的情绪像极了万花筒，不停地旋转，能看到缤纷色彩和万千变化；又有人形容第四型人就像一间情绪杂货店，里面摆放着各种情绪，包括人间最细腻的情感。

上天给了第四型人很强的直觉，他们对万事万物都很敏感，能了解人们是如何感受、如何思考、如何看待这个世界的，甚至能入山识鸟音，近水知鱼性。他们就像蝙蝠一样能收到世间万物的回音，并从中汲取万物的信息。

第四型人领导者在性格健康度良好的时候，对员工的状态很敏感。当员工进来时，他头都不用抬，就知道是谁来了，而且不等员工开口，就知道对方要谈什么，这体现了第四型人很强的直觉。

Ⓑ 真诚、坦白的浪漫风格

第四型人一生都在寻找自己，坚持做自己，他们用最直接、最坦诚的方式，向人们表露最私密最真实的情感。不管体不体面，他们都不愿意欺瞒、隐藏心中的脆弱，不希望自己戴着面具生活。他们要把好的、坏的，全部向人们说清楚，这就是第四型人坦白的浪漫风格。

诚实是要付出痛苦的代价的，诚实的情感有时会令双方陷入窘境，有时会引起别人的敌对、怒斥，所以很多人会劝第四型人不要那么坦诚，以减少冲突。但是第四型人认为，诚实而有深度的情感是能经得起考验的，他们还希望人们都可以像他们一样，用最诚实的情绪、最真诚的内心来面对世界，他们认为这才是真正可贵的人性。

真实自己，品味神秘

Ⓐ 唯有独特，我才存在

第四型人对“美”有着特殊的敏锐度，他们想要创造出有美感的东西，来彰显自己的艺术气质。在摆设、穿着、饮食等各个方面，他们都想展现出独特的个人形象，让别人赞许他们独特的风格和创意。

性格健康度普通的第四型人会通过自己的想象力来加强他们的感情能量，让自己生活中的一切都围绕着情感，不断地用精巧且梦幻的故事，来为生命赋予极大的意义。第四型人认为唯有独特，自己才有存在感。

Ⓑ 与众不同背后的疏离感

第四型人标榜与众不同，不走主流路线，这往往会给他人带来一种疏离感，也会让他们自己对情感产生一定的障碍。第四型人会与人群保持距离，并进行自我保护，好让自己梳理情感和思维。

在检讨会上，第四型人有一个比较特别的内在特点，就是他们有很强的自省能力，总是习惯先检视自己，因此有很多第四型人常在心里抱怨："为什么这个世界总是针对我？"但这其实是因为他们检视的是自己对每件事的感觉，而不是外在的事实。或许是惯性使得他们关注的焦点不同，从而产生与别人不一样的结论。第四型人担心别人无法理解自己的想法或观点，所以他们时常说要整理自己的感觉。

在处理事情之前，他们需要先处理好自己的情绪，先放纵自己的情绪，即使是任性一下也无妨。他们认为这是为自己在真实世界中失去的东西做补偿。

战国时期楚国的诗人屈原堪称第四型人的代表，他"娴于辞令""博闻强识"，眼看着国力不振、民生艰苦，虽然痛心疾首，却又无能为力，只好以诗歌来抒发忧国忧民的情怀。

代表人物　屈原

屈原是楚国诗人，早年深受楚怀王信任，任三闾大夫，后因其对秦政策与楚王不同，被流放到楚国边境长达十八年。

在这漫长的十八年里，屈原看着百姓遭受疾苦，国力衰弱，却又无力回天，只能用诗歌来抒发悲怆的心情。屈原的代表作品是《渔父》，作品表达了自己不见容于当道又不愿同流于世俗的心情。

屈原被放逐后，独自徘徊在湘江畔，神情憔悴，身形枯瘦，边走边吟唱。有个渔翁恰巧碰到屈原，问道："您不是三闾大夫吗？怎会变成这般模样？"

屈原说："世人都混浊不清，独我一人清白干净；大家都醉生梦死，只有我一人独自清醒，因此我被众人排挤了。"

渔翁说："圣人的想法旷达，不会受限于任何事物。既然世上的人都混浊，您为什么不一同沉积如水底的污泥，或一同翻搅拍打如水面的波浪？既然大家都喝醉了，您为什么不也吃些酒糟、喝点薄酒？何必表现出高洁的思想与行为，而害自己被放逐呢？"

屈原回答："我听人说'刚洗完头的人，会先掸掉帽子上的灰尘；刚洗完澡的人，会先抖落衣服上的脏物'，怎能够让刚洗好的干净身体，碰触到污秽的东西呢？我宁可跳进湘江里，死在鱼儿口中。怎能让我的清白之躯，去遭受世俗的污染呢？"

渔翁笑了笑摇起桨，离开时唱道："沧浪河的水清澈呦，我可以拿来洗帽带呀；沧浪河的水混浊呦，我可以拿来洗脚呀。"

喜怒不定，情绪多变

Ⓐ 追寻不须言语的灵魂伴侣

第四型人只想做真实的自己，所谓做自己就是毫不掩饰地勇敢表达当下的自己，当下的感觉就是"我"。真实的"我"不是刻意的，刻意去做的都太假、太矫情。没有顺从自己当下的感觉，就不是在做自己。他们时时刻刻都在追问自己"我是谁"。他们觉得其他人都不关心自己是谁，每个人都活在一个设定的模板里，活不出真正的自我。

不同性格健康度的第四型人会以不同的模式表达自己。性格健康度普通的第四型人会以"自己的感受"来认同自己，例如，当他们文思泉涌时，会觉得自己是文艺的；当他们对音乐感兴趣时，会觉得自己仿佛是音符。文采、音乐都是美的，他们用美的东西来表达自己。

他们追寻的是灵魂伴侣，期望在心灵深处与对方产生共鸣，很多事情不用沟通，彼此便能心领神会。要成为他们的灵魂伴侣，有两个重要的条件：第一个条件就是要"懂我"，明白"我"的情绪，了解"我"的感动；第二个条件是保留彼此的空间，因为第四型人有"做自己"的需要，他们没有办法为任何人改变什么。他们希望灵魂伴侣爱的必须是单纯而没有身份的“我”，不是因为“我是你的爱人”而爱“我”。

Ⓑ 我是谁 vs 我不是谁

健康度不佳的第四型人会用“自己的思想倾向”来定义自己。当他们在自己身上找不到稳定的自我认同感时，他们就从自己的思想倾向中创造出属于自己的自我认同感。比如“我喜欢戴紫色的围巾”“我喜欢印象派的画作”“我认同静心调息”等。他们会在个人的思想倾向中，创造一种自我认同感。

他们常常会为了维持自己的某种风格或形象，而拒绝不符合自己“设定”的事物，例如“我”是画家，“我”就不能穿西装。处于这个健康度的第四型人追寻自我的方式不是“我是谁”，而是“我不是谁”，比如他们会说：“我不是你们认为的那样。”其实，他们不见得清楚自己是谁，但是他们却知道自己不是谁，例如人们觉得某种音乐特别忧伤，但他们却觉得这听起来很放松；当全场观众鼓掌和喝彩时，他们却感到孤独。

健康度不佳的第四型人为了强调自己的与众不同，会非常依赖外在对象，将自己与自己的外在形象进行对比，并按照外在形象来设想自己。

主观直觉，率真自我

Ⓐ 悲剧主角

用一个例子来说明性格健康度不佳的第四型人的表现。大家在KTV唱歌，轮到第四型人唱的时候，正好有人去上厕所，第四型人就可能赋予他一个负面动机，认为他去上厕所就是针对“我”，他就是不想听“我”唱歌。第四型人感觉自己被抛弃了，他们把别人没听自己唱歌这件事情，内化成五官感受，来给客观的事件做诠释，这就是向内投射。

为什么第四型人不向那个人核实一下呢？因为随着第四型人的性格健康度的下降，他们会完全放任自己的主观情感，认为他们所感受到的就是真实的事实。他们常常给自己负面的自我暗示，认为是自己人生的导演，用悲剧与情绪化的元素设计一部剧，用想象力安排其他人的角色，好像这些人正在按照他们的剧本演出一样。

Ⓑ 深陷自我折磨与抑制悲观的旋涡

有些人会纳闷，为什么他们总是那样自顾自怜呢？关键在于第四型人让主观的情感主导了现实。第四型人在平淡的生活里找不到感觉，他们就是想折腾，类似无病呻吟，总是在自我折磨。而这些内在情感表达起来又特别复杂，所以第四型人会觉得世上没有人懂他们，然而这是因为他们所讲的那些事情，只会出现在他们自己的世界里。

第四型人常处于表现自我的需要与抑制它的冲突的旋涡中，他们深陷于自己的情感风暴当中。如果他们不断地自我封闭，甚至与他人疏离，最终就会被负面情绪打倒，他们会憎恨自己，也会憎恨那些让他们感到失望的人。

他们常常拿自己的不足去和别人的优点比较，所以越比较越悲观，越比较越消极，越比较越觉得自己不够好，这又造成了心理上的自卑、害羞。为了抵消这些失望的感觉，他们远离日常生活，用想象力来使自己沉迷于自己的幻想当中。久而久之，他们不知道该如何处理实际事务，觉得自己就像这个世界的局外人。

渴求关爱，考验真诚

Ⓐ 灵魂伴侣与不可能的任务

第四型人除了常在想“我是谁”之外，还有一个经常在思考的问题：人与人之间的关系，是不是真实而紧密的？是不是可以无条件的？他们对灵魂伴侣寄予了太多的期待，他们希望伴侣懂他们，给他们空间，用心呵护他们，能帮助他们解决很多问题。第四型人很希望别人与他们有共鸣，若两人能做到这一点，代表彼此之间有默契，心有灵犀。

第四型人看他们的灵魂伴侣时仿佛在观赏陈设于珠宝店里的钻石戒指。当钻石戒指陈设在展架上，柔和的灯光与天鹅绒或绢丝映衬出它的美丽时，他们会想："如果能戴在我的手上，那将是何等的美丽呀！"但是当他们把钻石戒指带回家，失去了周围灯光照射的钻石戒指瞬间失去了原来的光彩，这种落差会让第四型人感到沮丧。

要找到这样的灵魂伴侣是很困难的，甚至是不可能的，因为这样的人根本就不存在，所以他们一定会失望。为了避免使自己失望，他们会到幻想的国度去寻找，通过强化幻想来粉饰现实。

Ⓑ 爱得风风火火，才是真爱

实际上，人们对第四型人的误解恰恰证明了他们的独特性，证明了他们是与众不同的。也就是说，遭到误解，做与众不同的自己，正是他们所设定和要维持的形象。他们一面想摆脱，一面却又享受其中。

第四型人在情感的世界里就喜欢玩"推拉"的游戏。远远望去他们会觉得这个人太好了，一定就是自己的灵魂伴侣，但走近一看又没感觉了，就转身离开了。

如果两个人的关系发展到了高潮，第四型人会感觉再往前走就不美好了，不如在这里画上休止符，一切就停在这一刻，但是回头一看，这个人还是他们想要的，不能放弃这段感情。第四型人就享受这种折腾。如果我们可以比第四型人更沉浸于此，他们就会觉得："你就是我的灵魂伴侣。"

五大相处秘诀

1. 独特创意：称赞他们的创意和独特的眼光，欣赏他们的观察能力。
2. 理解包容：接受和认同他们的感觉和情绪，理解他们，让他们感觉到你的支持和你对他们的在乎。有人说，如果你这辈子没有和第四型人谈过恋爱，那你这辈子就不算谈过恋爱；也有人说，如果你跟第四型人谈恋爱，那你就再也不敢再谈恋爱了。这说明在我们的生命中，第四型人代表强烈而丰富的内心情感体验，如果要跟他们相处好，理解和包容是非常重要的。
3. 真实自己：如果没有真实，一切就没有意义。第四型人一眼就能看出来谁是虚伪的人。他们希望经历真实的人生，也渴望与他们互动的人可以做真实的自己。
4. 深度情感：第四型人很敏感，喜欢看到内在的东西，能看出对方深度的情感，讨厌肤浅，不喜欢可以一眼看穿的东西。

5. 保留空间：第四型人需要属于自己的空间，不要去干扰他们的情绪及私人空间。

5 博学多闻者

知识吃到饱

最佳代表特质

- ☐ 我不喜欢情绪化的人。
- ☐ 当我被问到肤浅而笼统的问题时，我会懒得回答。
- ☐ 我喜欢研究宇宙、科学、哲理，探索奥秘，吸收新知识是我生活中的头等大事。
- ☐ 我对物质生活的要求不多，简单方便就好，为这些小事费脑筋是浪费时间。
- ☐ 我重视隐私，喜欢独处，我不太喜欢和别人有频繁的接触，也不喜欢让别人了解我的世界。
- ☐ 社交活动对我来说是灾难，客套的寒暄之后，我不知道要聊什么。
- ☐ 对我来说，聊天本质上是有价值的信息交流，对我所知的领域，我可以做很好的阐述。
- ☐ 我只有在通盘掌握状况时才会做判断，关键是要厘清元素之间的脉络关系。
- ☐ 我拥有旁观者视角，很多别人认为理所当然的事情，其真实情况并非如此。

□ 我的朋友说我很宅，让我多接触外部世界。

针对每项特质进行自我检视，分别评分再计算总分。

从不如此：0 分 / 偶尔如此：2 分 / 有时如此：3 分 / 经常如此：5 分

总分是______________。

爱情是什么

重视事物本质和规律的第五型人，认为爱情就是一些分泌物。

（1）爱情第一部曲，第一种分泌物：苯基乙胺

当让你心动的异性出现时，大脑就会分泌“苯基乙胺”，当脑中有足够多的苯基乙胺时，你就会有一种“来电”的感觉。它会让你呼吸和心跳加速，手心出汗，脸颊涨红。巧克力中含有很多的苯基乙胺，所以送情人巧克力是有科学依据的。

（2）爱情第二部曲，第二种分泌物：多巴胺

处于热恋中的人，大脑会分泌“多巴胺”，会让双方乐意做任何肉麻的事，就如郑愁予的诗《小小的岛》中所写：“我便化作萤火虫，以我的一生为你点盏灯。”

（3）爱情第三部曲，第三种分泌物：去甲肾上腺素

第三种爱情物质叫作“去甲肾上腺素”。这种物质让热

恋中的人总是怦然心动、小鹿乱撞。

（4）爱情第四部曲，第四种分泌物：内啡肽

让恋人保持热恋的物质主要是苯基乙胺，但是最多只能维持四年，平均时间是6—30个月。当恋人交往进入稳定期之后，大脑便会分泌“内啡肽”。内啡肽的效果近似于吗啡，可以降低人的焦虑感，让人有安逸平和、温暖亲密的感觉，婚姻生活中的和谐关系依赖于此。

如果恋人的大脑中没有分泌足够多的内啡肽使感情稳定下来，那么他们很容易在热恋和分手中不停地徘徊。如果其中一人遇到其他心仪异性，并且苯基乙胺的分泌量高于内啡肽，可能就会移情别恋。

（5）爱情第五部曲，第五种分泌物：后叶加压素

大脑分泌的第五种爱情物质是“后叶加压素”。在令感情升温的化学物质随着时间的流逝而逐渐消退后，恋人之间就过了爱情的热恋期，爱情的兴奋感渐渐消失，取而代之的是爱情的依附期。这时，后叶加压素就会“现身”，它是促进成熟两性关系的化学物质，也是强化爱情忠诚度的关键物质。

苯基乙胺使人心动，促使双方坠入爱河；多巴胺强化安全感和欢愉的氛围，让双方关系更为亲密；去甲肾上腺素会让热恋中的人产生心跳加速、心动的感觉；内啡肽能够维持双方的幸福感；后叶加压素则是稳定爱情忠诚度的关键物质。对第五型人来说，爱情不过就是几种化学物质的变

化而已。

这里我们通过解释“爱情是什么”来说明第五型人对事情的本质和规律的思考。他们看事情不看表面，不看人能感知到的部分，而是看背后最核心的原理，即本质和规律。

搜集信息，观察准备

Ⓐ 以上帝的视角，洞悉一切

微软创始人比尔·盖茨（Bill Gates）是第五型人的代表。在 1999 年，他写了《未来时速：数字神经系统与商务新思维》一书，书中大胆预言了十五个事件，如今这些预言都成真了。

第五型人对未知的事物都很好奇，是九型人格中最为敏锐的一种类型。第五型人总喜欢以旁观者的角度观察这个世界的一切，他们常常思考这个世界的大问题，比如地球上若发生核武器大战、大瘟疫、行星撞击事件，或者地球寿命终结，我们该何去何从？他们在描述这些事情的时候，态度总是理性、冷静的，平铺直叙而带有逻辑性。

有时候他们就像先知一样有预见的能力，可以凭借聪敏目光和远见卓识把握万物的核心奥义，结合已有的知识，用理性的逻辑思维去揭开客观事实的面纱，从看似模糊而杂乱的现象中找出事物最根本的原理或成因，从中发现事物潜藏的规律，使新发现与已知的结构互相关联，完美合一。凭借不被传统所束缚的创新价值和发明精神，他们常常会创造可供后人学习的新知识，因此第五型人也常常成为某个领域的专家。

Ⓑ 私密主义的旁观者

第五型人为了思考、求得真知，为了保证自己能够看明白、看清楚事物，会保持观察的习惯，把自己从人群当中抽离出来，用旁观者的视角来看待事情。

第五型人的面前似乎有面玻璃墙，他们站在玻璃墙的一侧看外面的世界，但外面世界的人在另一侧却不能看到他们。他们不喜欢别人看见自己，而是喜欢躲在人群中的一个角落，让自己处于人群之外，所以，第五型人也叫作隐藏者或私密主。

代表人物　比尔·盖茨

比尔·盖茨在《未来时速：数字神经系统与商务新思维》一书中，提到了下列项目将登上世界舞台，而且与人类的生活息息相关。

（1）比价网站
（2）行动装置
（3）网络支付
（4）物联网
（5）在线家庭监控
（6）社交媒体
（7）自动优惠促销
（8）体育赛事实时讨论网站
（9）智慧广告
（10）直播节目
（11）网络讨论区
（12）粉丝团
（13）项目管理软件
（14）网络招聘
（15）工作外包软件

精准定义，相属规律

Ⓐ 重视本质与规律

第五型人仿佛是拿着显微镜观察这个世界，他们对世界充满好奇，没有什么事情能躲过他们的眼睛。他们专注、系统、全面地去观察，讨论事情是如何相互联系的、由什么构成的、隐含的意义是什么。

第五型人最重视本质与规律，一旦有了新的目标，便会见猎心喜、穷追不舍地投入到更深入的探索中。这些渴望引领他们向着更有突破性的新知和尝试前进，驱使他们立即行动。无论他们已经获得了多少知识，他们依然希望多了解一些。所以第五型人格也叫作理智型、知识型、思想家型、科学家型人格。

第五型人喜欢研究大问题、灾难性的问题，他们会觉得面对环境中不可预知的潜在威胁，人类显得无比渺小且无力保护自己，因此他们会对当下产生恐惧感，对未来产生焦虑感。

代表人物 斯蒂芬·霍金

斯蒂芬·威廉·霍金（Stephen William Hawking）是20世纪最伟大的物理学家之一，也是第五型人的典型代表。霍金终其一生都在思考宇宙的本质，他对于黑洞和宇宙起源的研究，为他在全球赢得了声誉。他热衷于发现新理论，不怕犯错、大胆假设，是一名藐视权威、不拘小节的学者。霍金是第一个提出将广义相对论和量子力学联合来解释宇宙论理论的人，他是量子力学的积极支持者。

霍金也坚信外星人真的存在，他曾多次警告人们，现在生存在地球上的人为了发展，不断在外层空间寻找外星生物是很危险的行为。

Ⓑ 打破砂锅问到底

网络信息是这个世界送给第五型人最棒的礼物。只要动动鼠标，就可以从网上获取无穷无尽的知识，可以将信息“吃”到饱。他们会花很多时间观察、提问、思考、探索，并且将学习心得与过去的实际经验互相联系，探索新的发现，挖掘背后的理论。

他们热爱阅读，把学习看得像吃饭一样重要，甚至更重要。第五型人一看到他们喜欢的研究目标，就会发扬打破砂锅问到底的精神，深入思考其中的前因后果，这让他们感觉特别充实。

他们喜欢一个人探查究竟，整个过程中无须他人的支持或注意，并不会因为别人是否关注或理解自己而减少这份执着。第五型人热爱知识，但对人际关系就比较淡薄，喜欢不怎么需要和人打交道的工作。

掌握知识，刨根究底

Ⓐ 飞梭式思考，让人难以望其项背

与第五型人相处要特别注意的是，他们习惯独自消化大量的信息，再从众多、密集的信息中找出行动方案，这样的思考模式虽然常带给他们思想上的惊喜，但在团队合作时，第五型人的飞梭式思考纵横交错，导致一般人不容易跟上他们的思路。同时，他们给予别人独立思考的空间，只提供足量的信息让对方思考行动方向，不会直接给予指示。如果对方长期无法捕捉第五型人敏捷的思维，而他们又没有给予足够的沟通与说明，人际关系的障碍便会逐渐形成。

Ⓑ 鼓励突破，创造新意

第五型人领导者喜欢在自己的技术领域里钻研，在技术、技能方面常常是最强的，团队里谁都没法做得比他们好。但是他们不会限制大家的创意和执行模式，他们习惯将系统性的大方向指示出来，让大家自由发挥，甚至鼓励大家不要墨守成规，要打破窠臼、大胆创新。而精于系统性思考的他们因为常能充分掌握事物的本质与规律，所以战略布局思维极强。他们会把能动用的资源及瞬息万变的信息快速地提供给相关人员，使每一个人将产能发挥到最大。大家也十分乐于跟随这样学识渊博的领导，因为他们简直就像古代算无遗策的军师，能做到运筹帷幄之中，决胜千里之外。第五型人领导者擅长看格局、找机会、用策略。

独立思考，尊重空间

Ⓐ 用学习转移对人际关系的恐惧

第五型人特别需要独立的空间，他们好像追求遗世独立、离群索居，用“与世隔绝”来形容他们很恰当。虽然生活在城市之中，但是从生活形态来看，他们的确比较喜欢独处。他们也不喜欢被打扰，同时也担心自己是不是能被其他人接纳。人际交往对他们来说简直是灾难。

第五型人不擅长处理人际关系，他们将内心的恐惧转移到学习和思考上，并且会对自己说：“我一定是因为学习还不够彻底，才会在人际关系上无所适从，才无法被他人所接纳。只要能精通某类知识，就可以解除内心的恐惧。”为了避免被不预期的人、事、物干扰，第五型人会投入更多的精力去探索与研究，并减少与他人的互动。

Ⓑ 隔离情感，在自己的绝对空间里称王

隔离情感、逃避情感使得第五型人拙于应对生活中的情绪感受。社交关系的情感联结会让第五型人感到压力，他们害怕坦露个人情感，也害怕面对别人的情绪起伏。他们不愿意被授予权力，因为权力等同于责任，承担责任代表你要替别人收拾烂摊子。

第五型人的解压方法之一就是藏起来，在绝对属于他们的独立空间里，充分享受思考的独立、空间的独立、时间的独立。只有在这个情境中，他们才有充电的感觉。

他们在脑海中创造了一个属于自己的知识世界，并试图从中找到掌控权。他们躲在知识的洞穴以回避各种情绪问题。这样的人际关系处理模式，会让身边的人感到被漠视，或许他们的原意不是要拒人于千里之外，但是这样的相处模式却透露出浓浓的“请你离我远一点”的信号。

他们最受不了别人突如其来的会面要求与对他们工作的打扰，独立的时间和空间就像他们的私人城堡，他们不希望别人靠近。遇上需要沟通的事情，他们希望别人发短信或邮件，看邮件、回复邮件都需要思考，他们想好了就会回复。

第五型人属于慢熟型，人际互动相对少一些，甚至人际交往对第五型人来说是一种负担，他们相对孤僻、喜欢独处。为了更加透彻地看待事情，他们回答问题前会沉思，注意力都在信息点上，平常说话也少，情感反应偏慢。只有在智能水平上和第五型人差不多的人，才能与他们擦出火花。他们只要开口，就会直指核心，而且语惊四座，因为大家都没想到原来事情之间可以有这么深层的联系，而第五型人竟然可以把事情分析得这么透彻。他们的眼神有淡漠疏离，但是一旦谈到他们的专业领域，他们的眼睛就会发亮。他们的气质通常平和而儒雅，冷静而淡定，其实这种气质也很迷人。

自我提升的要点

专注领域，逻辑迷宫

Ⓐ 与现实世界脱离的象牙塔世界

性格健康度不佳的第五型人会觉得自己的思想非

常有深度、非常高明，自己就是专家，常常对别人的意见感到不屑，认为别人的思考都过于情绪化或太肤浅。然而问题在于他们太强调思考的重要性，花很多时间去思考，却不愿意将这些想法拿到现实世界中去检验。

他们喜欢用自己的思想去挑战别人、征服别人。有时这是一种诡谲雄辩，同时也是一种洗脑工程。他们的态度非常强硬，也非常有力量，常常把别人驳得体无完肤，颠覆别人固有的观念。

Ⓑ 卡珊德拉的诅咒

在希腊的神话故事里，有一位名叫卡珊德拉（Cassandra）的特洛伊女祭司。太阳神阿波罗看到卡珊德拉的时候，便深深地爱上了她。为了追求她，阿波罗赐予了她预知未来的能力。然而卡珊德拉依然拒绝了阿波罗，恼羞成怒的阿波罗对她下了一个诅咒，让人们永远不相信她所说的话。

这样的诅咒让她所知道的真相无法为人们所相信。她预言木马被迎进城内，特洛伊城必遭突袭，但无人相信。她虽然知道这一切，但却无力阻止悲剧的发生，特洛伊就这样灭亡了。

对第五型人来说，他们就像被诅咒的卡珊德拉，虽然拥有渊博的知识和洞若观火的能力，拥有上帝的视角与先见之明，却总是无法让周边的人了解自己。这是因为他们总是隔离情感，逃避人际关系，导致自己产生社交障碍，不容易被人们接纳。如果不想成为人们眼中的疯狂怪物，第五型人势必要在人际关系上下功夫。

渴望专业，谨慎行动

Ⓐ 真正落实比空想更重要

热爱思考的第五型人要注意，强大的思考力必须要在与现实世界保持同步的前提下发挥，这样的思考才是具有意义的。也就是说，第五型人所思考的一切必须要回到现实世界，而不能只停留在概念或者解释的层面上。举个例子来说，学游泳就必须换上泳装，在游泳池里练习，而不是只在脑海中研究手臂如何摆动、腿脚如何打水。那些仅通过观察别人的动作再加以模仿，而从未到游泳池练习的人得到的只是游泳的概念性理论，无法真正学会游泳。

Ⓑ 理想与落实的配合，才有真正的功效

健康度不佳的第五型人只相信自己强大的头脑，这导致这个世界所有的一切都在他们的心里加工，最后，他们得到的只是一个空想，并非真实的世界。所以，上前方冲锋对于第五型人领导者可能有点勉强，他们是思考型，考虑事情很全面。但他们的问题是，认为一件事在脑海中思考过就跟做过一样，很少去动手实践。第五型人领导者想得很多，但是在落实方面则需要执行力强的下属进行上下

级的配合工作。

五大相处秘诀

1. 高度智慧：第五型人表达善意的方式是给别人送书、送知识。与第五型人互动，首先要高度欣赏他们的智慧。他们拥有很强的感知力、洞察力，和他们对话前，你最好也提升一下自己的知识水平，这样才能碰撞出火花。

2. 理性客观：与第五型人交流时不能主观臆断，必须要以客观的事实为佐证，并整理出有逻辑性的观点来支持论述。只有客观事实才能入他们的法眼。

3. 包容优越感：可以直接、具体地赞美第五型人，而且要包容他们作为知识分子的优越感。

4. 尊重空间：与第五型人相处时要给他们独立自主的空间，这样他们才能活得自在；反之，在压力的状态下，用不了多久他们就会逃走。

5. 鼓励行动：第五型人欠缺执行力，应该鼓励他们多行动。唯有行动才能证明思考的正确性，一次又一次的正确行动将带来下一阶段的智慧升级。

6 忠诚谨慎者

怀疑你
是为了相信你

最佳代表特质

□ 我认为枪打出头鸟，做事情时选中间路线比较安全。

□ 我做决定的时候，喜欢参考我信赖的人的意见。

□ 我相信已经成为定律的事实，而对于还不是很靠谱的新知识，我不会采纳。

□ 我认为我有“决定恐惧症”，因为我做决定的时候都要考虑很多，想很久。

□ 要让我相信一个人，我通常需要花很多的时间去观察他。但如果是我已经认可的朋友，我就会跟他们交心。

□ 当遇到外来的危险时，我会和伙伴手牵手、心连心，同舟共济，此刻的我感到比任何时候都有力量。

□ 我会假设事情最坏的状况并做模拟应对，但朋友说我杞人忧天。

□ 我的脑中总是充斥着各种危机画面，但是当危机真正降临的时候，我心中反而有股镇定的力量。

□ 我喜欢洞察人、事、物背后所隐藏的动机，对于话中有话的人，我一定要了解他的意图是什么。

☐ 不可预测性令我感到不安，我喜欢在明确的指令下工作，搞清楚什么事应该做、什么事可以做，这样我会有安全感。

针对每项特质进行自我检视，分别评分再计算总分。

从不如此：0 分 / 偶尔如此：2 分 / 有时如此：3 分 / 经常如此：5 分

总分是＿＿＿＿＿＿＿＿。

小人物大特写

“一个人可以走得快，一群人可以走得远”，大雁的飞行现象为这句话做了诠释。

大雁每次换季迁徙都要飞行几千公里，当领头的大雁展翅时，其他的大雁会起飞跟上。

动物学家还观察到大雁飞行过程中遵守的秩序：

① 雁群是一个生命共同体，互助合作，相亲相爱，没有一只大雁会独自飞得过高，或脱队独飞；

② 带头飞行的大雁无法借助风力，所以飞行起来非常费劲，但当它累了时，它可以退回到队伍

里，由其他大雁扮演领头雁的角色，大家轮流领头，共享领导权，也共尽团体义务；

③ 飞行的过程中，后方的大雁会用叫声激励前面的同伴保持飞行速度，鼓励大家前进，坚持下去；

④ 雁群还会互相帮助，若是有大雁生病或受伤，团队中会有两只大雁留下来照顾它，待它康复后，再一同努力追赶雁群，回到原来的队伍。

雁行理论强调的是团队合作、共同领导、激励伙伴和互相扶助，这正是一个性格健康度良好的第六型人的特点。第六型人深知深耕组织系统的必要性，他们相信如果团队目标一致，团结合作会比个人努力更有利于实现目标。他们用鼓励替代斥责，激励同伴，提升组织的效能，保持团队高昂的斗志。团队成员相互包容，形成一个真正的生命共同体，共同突破困境。

忠诚责任，面面俱到

Ⓐ 安全第一

“风险管理”是指发现潜在的威胁，并且找到应对方法。“危机管理”是指对已经发生的危害，做出紧急应变和善后措施，尽量减少损失。对第六型人来说，安全是最重要的，无论是潜在的风险，还是危机的应对，都是他们最关注的问题。

第六型人有很多想法，在太平时期，他们会在大脑中做很多次预演，不断地想象事物发展的最坏状况，因此在发生危险的时候，他们有能力将伤害程度降到最低。常有人说第六型人是最冷静也是最勇敢的，因为在危机发生、众人乱成一团的时候，他们能根据直觉清楚地制定正确的行动方案，这是他们在逆境中临危不乱的表现。

Ⓑ 忠诚万岁

第六型人要做事情时，最看重的是找到志同道合的伙伴。忠诚度是第六型人最在意的，如果有任何一件事情中透露出他人的不忠诚、不真实，那就是危险的，忠诚背后的意义就是安全。

我们也可以用狼这种动物来理解第六型人。狼是合群的动物，最重要的是，它们对同伴不离不弃，甚至会以死相救。这些特质恰恰都是性格健康度良好的第六型人所具有的。

代表人物　柳传志

联想集团创始人柳传志是时代的拓荒者，2004年联想集团收购IBM个人电脑业务，一跃成为全球第三大个人计算机厂商。从柳传志的“管理三要素”中可以具体感受到他作为第六型人具有的重视团队、勇于担责的个人特质。

（1）管理第一要素：建班子

他强调，要找价值观相同的人、思想层次处于同一境界的人、德才兼备的人做伙伴。志同道合是首要条件，这样大家才能把事业做大、做久。他主张，好的团队是折腾出来的，折腾是检验人才的唯一标准，人没有经过千锤百炼的折腾，就经不起考验，一旦遇到危险就会逃避。

第六型人不喜欢投机主义者，他们喜欢的是能够在危难中互相支持的伙伴。为了确认对方的品行，他们不会很快相信一个人，而是要在危难事件中累积“革命”情感。一旦获得他们的信任，他们会愿意为对方两肋插刀，不离不弃。多数第六型人拥有长久稳定的人际关系网。

（2）管理第二要素：定战略

联想制定的战略有两个方向：“有追求”和“有底线”。

“有追求”是指要思考什么是值得投入的；“有底线”是指一定要站在红线内，绝对不做苟且之事。在行动之前，要不断沟通，讲到嘴唇发烫了，大家的反对意见都得到处理了，再开始行动，这样大家才不会把事情做错。第六型人总是在寻找一种可以指引自己内心方向的东西，希望可以给自己明确的指示，告诉自己什么能做，什么不能做，什么该做，什么不该做。信心度不足的第六型人喜欢听取大家的意见，就像脑中有个委员会一般，必须大家都同意，他们才有行动的勇气。他们想确保自己前进的道路上一切顺利，没有障碍。

（3）管理第三要素：带队伍

在团队管理时，领导方式很重要，要让员工认为自己得到了尊重，这样你才能带领好团队。领导者带领团队要以身作则，身先士卒，以无私之心言传身教，用发动机理论取代齿轮文化，强调员工工作的成就感。

依循规则，安全警戒

Ⓐ 善于逆转取胜

如果企业发展顺风顺水，没有什么问题发生，第六型人反而会感到焦虑，会觉得有人正在背后酝酿什么阴谋，或者有什么状况还没有被发现。华为创始人任正非曾在一次庆功宴上警告大家：“春天来了，你们认为冬天还会远吗？”即便企业如日中天，第六型人的眼中看到的情景也是相反的，在他面前呈现的是企业强盛的情景，在他脑中预演的却是企业正在走下坡路的情景。在大家对当前形势一致看好的时候，他们却已经感觉到事情正在悄悄地变化了。

第六型人极具天赋的观察和搜索能力让他们不停地监视着生活中的一切，他们就像森林里的猎人，拿着一把枪，屏气凝神，观察着一草一木。

代表人物　范蠡

范蠡出生于春秋末期，是春秋时期的政治家、军事家、经济学家，被后人尊称为“商圣”。

范蠡在越王勾践最落魄的时候，伴随勾践到吴国为奴三年，形衰而心不死，保命而待机归。在这三年中，范蠡为勾践制定了“十年生聚、十年教训”的策略，于是便有了传颂千年的“卧薪尝胆”的故事。第六型人特别能在逆境中发挥潜在的实力。

范蠡能以其卓越的才能帮助越国扭转乾坤，与他始终保持忧患意识，洞烛先机的思维方式有关。他明白“飞鸟尽，良弓藏；狡兔死，走狗烹”的道理，最终选择一叶扁舟挂帆远去，离开了惊涛骇浪的宦海。世人称颂他：“忠以为国，智以保身，商以致富，成名天下。”

第六型人往往能在糟糕的局面中，发挥他们逆转局面、反败为胜的才能。如果公司岌岌可危，公司内部忠诚的第六型员工很有可能帮助公司反败为胜，而且他们往往能够力挽狂澜。

Ⓑ 相信权威

性格健康度普通的第六型人希望得到权威的指导，从而找到解决一切问题的正确方法。他们渴望一种被保护的感觉，所以想找到可以依赖的权威，这能够带给他们安全感和稳定感，可以指引他们走在一条正确且安全的道路上，这样他们才能觉得踏实、放心。

为了安全起见，他们会不断地揣摩别人的动机，思考对方到底想要什么，是站在哪一边的。

第六型人为了保护自己，总想弄明白别人对自己的态度，弄清楚对方是否心怀不轨。第六型人倾向“人性本恶”的理论，他们先把人想成是坏的，是居心不良的。然后再仔细观察对方的表情、习惯，考察“对方没有表达出来的期待是什么”“对方会不会算计我”“对方会不会利用我”等，最后再慢慢找证据来推翻之前的观点。他们偏向线性思考，详细地分析每件事情的前因后果，谨慎小心地制定最好的行动方案。

第六型人在生活中喜欢从问题的本身着手，他们是所有人格类型里最负责任的，时时刻刻想着去预防问题、发现问题、解决问题，让自己可以在危机四伏的世界中生存。

群体合作，同舟共济

Ⓐ 飞利浦的雁行理论

雁行理论流行于企业界，其中，飞利浦公司对这一理论的应用最为典型。

飞利浦公司主要生产消费型电子产品，因为规模过大，又缺乏整合及一致的营销策略，导致其市场占有率和利润不断下降，台湾地区的飞利浦公司濒临破产。

后来，公司调整了绩效奖励制度，要求绩效的40%来自个人表现，60%来自团队表现，让团队表现的重要性大于个人表现。在20世纪90年代中期，飞利浦借用雁行理论实现了一系列的改革。

代表人物 飞利浦

飞利浦参考雁行理论，做出了以下改革。

（1）团队合作

团队成员制定共同的目标，并且每个人都要相信相互合作比个人努力更容易实现目标。团队内部出现问题时，团队成员要相互扶持。

（2）共享领导

每 20 人为一组，小组内的每个人轮流当领导。

（3）激励伙伴

奖励必须符合“true”的原则，即：

◇ timely 及时的

◇ responsive 回应的

◇ unconditional 无条件的

◇ enthusiastic 热情的

因飞利浦公司参考了雁行理论并将这一理论灵活运用到公司内部，其员工平均生产力较之前提升了三成以上。

Ⓑ 日本企业的终身雇用制

过去日式企业的终身雇用制符合第六型人强调的群体合作、同舟共济精神，公司要照顾员工，员工要对公司忠诚，公司和员工的关系紧密到比家人还要亲近。

同仇敌忾，信仰坚定

Ⓐ 重视承诺

忠诚的第六型人认为，在团体中每个人做出的承诺都要兑现。他们很重视承诺和契约精神，正因如此，第六型人不肯轻易许下承诺或给别人打包票，即便是有百分百的把握，他们也只会说“这个我试试看”或者“我尽量做，有可能做得出来”。因为富有责任感的他们认为，说出口的话就要百分之百兑现。

第六型人一旦相信了某一个宗教、某一个学派、某一个权威，他们便会坚持这样的信念，至死方休。他们很重视团队的力量，面对外来的欺侮或挑衅时，他们会坚定、忠诚地拥护权威和领导，同时要求伙伴们同仇敌忾。一旦制定明确的游戏规则，第六型人就能够顺利地完成任务。对组织信仰的坚定，可以让第六型人的内心减少摇摆不定的态度，这样有助于安抚他们内心的焦虑。

Ⓑ 悲观主义

第六型人的专注点是危险，尤其是潜在的危险。他们会把危险放大，尤其是那些不确定的、不能掌控的、还没有发生的危险。往往在问题还没有出现时，第六型人就已经产生了很多的担忧，别人常常对他们的过度敏感嗤之以鼻，觉得他们想太多了。

性格健康度不佳的第六型人会把自身的不安全感、深层动机及心中的黑暗面通通都投射到别人身上，认为别人是反复无常、变幻莫测的。然而这样的投射，加深了他们对人、事、物的恐惧，质疑和猜测让他们很难真正地信任别人，他们也会越来越缺乏安全感，这导致他们变成防卫型的人，行为举止谨慎，甚至表现得太过紧张、缺乏自信。

有些第六型人经常会反复问别人同样的问题，这是因为他们在寻找一种被支持的感觉，他们希望别人与他们的观点是一致的，能在他们有困难的时候跟他们站在同一边，这样才能真正确认对方是支持者而不是反对者。第六型人为了解决问题，不断地思考问题，但他们想得越多，发现的问题就越多，进而把问题放大。而把问题放大的结果就是越怕越想、越想越怕，最终成为一个悲观主义者。

反作用力，侦搜问题

Ⓐ 深思熟虑 vs 讲话没重点

为了面面俱到，第六型人在说每一句话之前，都要深思熟虑，他们讲话的模式常常是先做铺垫，再讲理由。有人指出，在第六型人说的话里面几乎找不到肯定的措词，会出现很多“大概、可能、应该、差不多”之类的词汇，好像在避免被别人抓到把柄。所以第六型人说话绕来绕去，不会明确、直接地表达重点。其实，他们是在想：万一我讲的话有什么问题导致对方听不明白怎么办？如果对方质疑我的观点怎么办？对方对我是心存敌意还是善意？

为了避免被别人抓到把柄，他们会预测反对者的干预手段，不断地假设被反对的情境，并把所有应对的办法都准备充分。

Ⓑ 吐槽帮帮主

第六型人总想知道别人到底有没有敌意，他们会不断地提反对意见，有人形容他们是吐槽帮帮主。“你讲得很有道理，但是……”“你的方案很可行，可是……”“这个说法太夸张……”每次别人表达观点他们都要吐槽，但他们却说自己是实事求是。第六型人一辈子最讨厌虚伪、夸张的人。有人把这样的吐槽行为视为第六型人的攻击性。

但对他们来说，在合作之前，大家应该先把丑话说在前头，先小人后君子，这样日后才能减少问题的发生。他们连日常交流都是这样理性和深思熟虑，因为他们不怕可以看见的危险和已经发生的危险，他们怕的是那种模糊不清的表述背后藏着的危险，这危险就像掩藏于海平面下却只露出一角的大冰山。第六型人容易高估危险的严重程度，危险可能只是一只小花猫，他们却以为是一只大老虎。

对第六型人阿谀谄媚或献殷勤是没有用的，对他们来说，一个没事献殷勤的人绝对不会安好心。他们会更相信那些负面的揣测而非正面的推断。所以，跟第六型人讲某件事是源于什么阴谋或透露出什么样的情报（比如有人图谋不轨要利用他）的时候，尽管事情还没有被确定，但他们都会相信。

反复矛盾，投射质疑

Ⓐ 正六或是反六

对第六型人来说，对方到底是隐藏的敌人，还是真正的盟友是很难确定的。第六型人对于不熟悉的新朋友，会采取观望、保留的态度，慢慢考察这个人是不是一个骗子。只有确定对方是一个靠谱的人的时候，第六型人才会开始与他交心。有时候他们把吵架或激怒别人作为测试手段，直到对方显露出真实的一面。

不同的第六型人在面对冲突时，有着截然不同的反应。性格健康度良好的第六型人的依赖和独立这两种特质会互相支持，彼此协作（称为“正六”）；性格健康度不佳的第六型人的这两种特质则会互相扭打，互相针对，造成他们的紧张和焦虑的心理（称为“反六”）。

“反六”更加容易对抗权威，与别人作对。别人还没怎么样，“反六”就先下手为强了。就像《三国演义》中的曹操，当他听到吕伯奢在磨刀时，便以为吕伯奢要加害于他，在没有搞清楚状况前，一下子就把吕伯奢全家都杀了。也就是说，比起“正六”，“反六”更具有攻击性。

Ⓑ 谨慎和恐惧是一体两面

这里要特别说明一下，第六型人中，没有一个人具有全部的“正六”或“反六”的倾向，换句话说，这是比例的问题。30% 反恐惧型加 70% 恐惧型倾向“正六”，30% 恐惧型加 70% 反恐惧型倾向“反六”。每个第六型人都是这两种特质的组合，只是比例的高低不同。

举个例子，有的男人在同事面前咄咄逼人，非常强势，但在家里就变成了听妻子话的暖男。再或者，有的人在家庭生活中表现出“反六”的状态，极具攻击性，但是在公司的时候，却表现得温文尔雅。

第六型人的焦虑感从根本上是源于长久得不到支持，除了权威和团队，他们怀疑自己能否支持自己。他们不相信自己的能力，这是因为他们的心中一直充满危机感。但也只有心中充满危机感，他们才会感到安全，心中若是空荡荡的、没有念想，他们反而觉得不安。

第六型人在情绪上非常敏感，做决定时经常反反复复，他们思考问题的时间非常多。其实谨慎和恐惧是一体两面，第六型人就是比其他型人格的人多了一份警觉心，也因为如此，他们总是能够防患于未然，救亡图存。如果你的朋友是第六型人，你将能跟他学习到团队合作的协作力，尤其会佩服他们在逆境时的韧性，你会见证反败为胜的奇迹。

五大相处秘诀

1. 真心实意：和第六型人相处首重真诚，不可以夸大措词，要说一不二，不可人前一套背后一套。沟通时不要拐弯抹角，坦诚、真实才能获取他们的信任。要像小孩子一般天真，表现出信任、期待与爱的态度，这也正是性格健康度良好的第六型人受人喜爱的特质。

2. 支持陪伴：第六型人思考问题时，常常在脑中预演灾难。应该鼓励他们多看好的方面，不要只停留在问题之中。千万不要批评他们的恐惧和焦虑，也不要给他们压力。他们特别渴望有人在旁边陪伴他们，支持他们的想法，让他们知道一切担心都是可以被理解的。对于他们的担忧要有耐心，用心聆听，不论发生什么样的困难，都向他们表示愿意与他们一同面对，第六型人需要的就是这样的踏实感。

3. 同心协力：对于团队中的第六型人，要用鼓励替代斥责，相互包容，互相激励，互相扶助，如此才可以提升团队的效能，保持高昂的斗志，形成一个真正的生命共同体。

4. 保持警觉：第六型人是怀疑论者，对他们来说安全是最重要的。不论是潜在的风险，还是正在面临的危险，都是他们最关注的人生议题，因此与他们一同工作时要保持警觉。

7 乐于尝试者

不必为了一棵树
放弃一片森林

最佳代表特质

- □ 我习惯一心多用，可以同时做很多事。
- □ 我常讲笑话逗大伙笑，但我只是“自娱”而已，“娱人”是顺便的。
- □ 朋友都觉得我像个小孩子，就算老了也是个老顽童。
- □ 我很害怕自己受到限制，害怕不自由。
- □ 我脑袋“想”的比我动手“做”的要多得多。
- □ 我常被骂分心，听头不听尾，急着说话，最后还发现说得驴唇不对马嘴。
- □ 当我受到指责时，我常常觉得问题不在我身上而是有其他原因。
- □ 我喜欢尝试有趣的事情，包括体验刺激的活动、美味的食物。只要是新的、有变化的事物，我就有兴趣试试看。
- □ 一段感情结束后，我不会悲伤很久，转身就能开始新的生活。
- □ 不管碰到谁，我都不太可能感觉得到对方有敌意。

针对每项特质进行自我检视，分别评分再计算总分。

从不如此：0 分 / 偶尔如此：2 分 / 有时如此：3 分 / 经常如此：5 分

总分是________________。

小人物大特写

魏小姐知道自己患有癌症的那一天，赶紧确定了几个旅行的安排。她找医生拿了药就去环游世界了。旅游归来她就住进了医院，开始进行一连串的治疗。她跟她的朋友说：“自从生病之后，我就不断地在‘升级打怪’”。

“先开刀，做了 8 次化疗、30 次放射线治疗。后来癌细胞转移到肺部，又转移到骨髓，在做腹腔镜手术时发现了“满天星”——肝脏半年内出现 8 颗肿瘤，最大的直径为 5.2 厘米。随之而来的还有右手发麻的问题，一吃东西就吐。肋膜积水后，我连呼吸都很困难。每分钟心跳数达到了 130 次，化疗也没办法再做了。

“一路‘升级打怪’的我真的有点累了，现在把止痛药当好朋友。暂时吃新的标靶药试试看，如果没效果，我就打算放弃抢救了。以上过程我一次性告诉大家，就不一个一个地单独讲述了。”

魏小姐还告诉亲朋好友：“我这辈子过得很精彩、很快乐，这次虽然没办法过关。但是，下辈子我要过更快乐、更精彩的人生。”

立即行动，欢乐快递

Ⓐ 最幽默的朋友

如果可以选择，你想做一个好人，还是一个好玩的人呢？

做一个好人没什么了不得，但是能做一个好玩的人可是件不得了的事。这句话正是第七型人的写照。

第七型人的脑袋里装满了行动方案，他们用充满热情的行动来探索答案。新事物让他们更多地了解世界，同时新事物带来的刺激让他们心情愉悦。对于世界，他们看到的几乎都是美好的一面。积极正面的态度、快速不拖延的脚步，让他们能够把握住创造人生幸福的机会。所以第七型人做事情都是急不可待的，他们用行动刺激思考，只有行动了才会有后续的想法。

第七型人喜欢娱乐自己，也喜欢娱乐别人，他们是别人眼中的“活宝”“开心果”。很多人觉得第七型人是最幽默的，朋友聚会时，只要他们在场，大家总能笑得东倒西歪。他们的特别之处是常常能在谈笑风生中解决大问题。

Ⓑ 思维敏捷、善用对比

一行人在山顶景观餐厅品尝了一只很可口的烤鸡，正当大家七嘴八舌地讨论鸡肉为什么这么好吃时，厨师冷不防地说：“大家觉得鸡肉好吃，是因为我们的鸡死的时候没有痛苦。你们吃的鸡，都是听了我的笑话后笑死的，过程中没有痛苦，所以鸡肉吃起来美味。”

第七型人思维敏捷，善于拿生活中的题材做比喻，利用大家都很熟悉的事物来发挥，这往往能产生意想不到的效果。乍一听你会觉得不可思议，但是马上便会放声大笑。

第七型人在感知周围事物的时候，通常是把眼睛所看到的一切直接传递给大脑，没有经过其他感官反应和情感分析，因此时间短、速度快。但也因为第七型人的这种直接感应模式，所以他们感知到的都是碎片状的画面。这种思考方式具有高度的跳跃性，也时常会产生令人捧腹大笑的效果。

好奇尚异、多元智能

Ⓐ 知识的游牧民族

第七型人不喜欢受到限制，他们的学习模式就像蝴蝶在花丛间自在地飞舞，一会儿停留在这一朵，一会儿停留在那一朵，虽然在飞来飞去，但最后仍然能采满花蜜。这样采摘的花蜜，还更“丰富多彩”！

《财新周刊》的总编辑王烁先生最赞同这样的学习模式，还称这种学习者为“知识的游牧民族”。过去的学习者是“知识的农耕民族”，选定一块知识之田后，便从早到晚都在这块田上精耕细作，如此便能衣食无忧。但在这个多元、智能的时代，人们必须成为“知识的游牧民族”，满足自己的需求和兴趣，随心所欲地在知识的旷野上尽情发挥强烈且旺盛的好奇心。哪里有丰富的水、草，就往哪里迁徙，而且这样的迁徙一辈子都不能停。王烁先生还提出了一个“另类二八”法则，即我们应该用 20% 的时间去了解一个领域 80% 的基础知识，放弃剩下的 20% 的深层知识，迅速转到另一个领域去学习。

乍一听，或许有人会认为这样的学习模式太零碎，有如蜻蜓点水。大多数认为求学问时，如果浅尝辄止、不求甚解，就没有效果，学习应该是系统性的，“知其然，也要知其所以然”。但是仔细想想，我们所处的这个知识融合的大时代，科技正在飞速地发展，产业项目在重新组合，没有一个领域会按照相同的轨迹重复运行。被认为最有价值的知识常常来不及形成完备的系统，例如对于新零售和区块链技术而言，“摸索”才是学习的方法。这个时代所需要的“甚解”往往产生于各种领域的中间地带，这个中间地带也就是我们常说的“知识创新”，不相信的人可以回头看一下身边的朋友，他们所做的工作是否与大学本科的专业有关？真实的情况是，很多人根本说不清楚现在所做的工作对应什么专业，只是累积了满肚子的“杂货”。正是对不同领域的知识都有一定的了解，才成就了我们今天在社会上的地位。

第七型人是九型人格中最多才多艺、最自由奔放的一类人，他们觉得世界上的一切都是朝气蓬勃、充满活力的，他们喜欢积极地拥抱生活，愿意敞开自己的内心，整合各种各样的智慧。他们总能探索出一切事物的可能性，化腐朽为神奇。他们被称为“通才”“全才”，以高效、全面的整合能力来服务于这个世界，而且往往能够取得伟大的成就。

Ⓑ 限制和束缚是他们的地雷

第七型人的思考模式是跳跃式的，敏捷且快速变化。他们自认为很聪明，而且聪明带给他们一种安全感。他们对新的观念和新的经验十分热衷，只要有想法，就想尽快付诸行动。

第七型人不希望事情都是定好的。他们习惯跳跃性思考，不按套路出牌，喜欢剑走偏锋，制造惊喜，认为一切皆有可能。在这个互联网快速发展、跨界盛行的时代，他们比一般人更容易赢得胜利。

对第七型人来说，限制和束缚是他们的“地雷”，因为他们随时都想跨界。在工作中，他们不喜欢其他人给他们定目标，当你告诉他们这个月要达到五十万的业绩，他们会说：“我可能会做出五百万。”他们喜欢利用自己的聪明才智和快速反应出奇制胜。在九型人格之中，第七型人的确是业务高手。

拒绝限制，鱼熊兼得

Ⓐ 活着就是要享受

有位研究九型人格的大师给第七型人的特点做了描述：“第七型人的血管里，流淌的不是血液，而是香槟酒。”

如果你想知道哪里有好玩的、有意思的事，或者哪里有好吃的，那你一定要问第七型人，你会得到最佳答案。第七型人有着强烈的好奇心，会把每件事、每种体验都当作上天的礼物。他们享受生活的一点一滴，乐于体验生命丰富的内涵，生命里的每一次历练都被他们视为滋养身心的快乐泉源。

第七型人是九型人格中最自由、洒脱的一类人，就像济公一样，他们相信“酒肉穿肠过，佛祖心中留”。他们不会被条条框框限制住。脱离限制、喜欢自由是第七型人的共同点。

如果问第七型人：“什么东西会让你感到拘束呢？”他们会回答：“只要和我的看法不一样就是拘束。”第七型人总是对生活充满好奇和热情，不管是好吃的还是好玩的，只要是兴奋刺激、新奇有趣的东西他们都想尝试。体验是第七型人的生活之道，但对于抽象的、柏拉图式的事情，他们很少感兴趣甚至完全没兴趣。

第七型人会实实在在地经历、体验这个世界上的事，十分务实。对于性格健康度普通的第七型人来说，他们不想面对自己的内心，缺乏深刻内省的行动。他们认为这个世界是为了他们的快乐才运转的，活着就是要享受、消费这个世界，向这个世界索取更多自己想要的东西。

Ⓑ 人生就是玩

对于第七型人来说，生活的精彩来源于玩。工作要玩，学习要玩，陪家人也要玩。玩对他们来说就像呼吸一样，无处不在，须臾不离。

著名相声演员于谦出版了《玩儿》一书，在书中，他讲述了自己是怎么玩得翻天覆地的。知名相声演员郭德纲为这本书写了序，标题是《他活得比我值！》。很多人认为第七型人像孩子，就算年龄增长了，也是个老顽童。想想我们奋斗一辈子，不就是图个开心吗？第七型人是最活在当下的，他们能玩出花样，甚至玩出成功来。

但是，值得反思的是，每天享受愉快体验的第七型人的注意力一直受到外在事物吸引，这致使他们的自我认同取决于获得刺激性的想法和感官感受。长此以往，他们在产生焦虑或不愉快的感觉时，往往会通过沉浸于以往的回忆的方式来回避这些感受。因此第七型人一定要懂得知足，真正的知足不是贪婪地想要，而是真正地需要。

很多第七型人是讨价还价的高手，原因是他们想拥有更多的东西，只要东西便宜、新奇刺激，他们就想买，他们的胃口常常超出自己可以消化的范围。经济学中有一个“边际效用”的概念，就是当消费者购买物品时，物品会提供一种使人感到“满足”的刺激，开始的时候消费者的这种满足感很强，但若反复受到同一种刺激，消费者的兴奋与满足的感觉将会降低，甚至走向负面。对第七型人来说，当他们深刻理解了“想要”和“需要”对个人幸福与快乐的影响时，他们就知道“知足”对于人生的幸福有多么重要的意义了。

正向乐观、酌情合理

Ⓐ 酸葡萄、甜柠檬

上帝赋予了第七型人活跃的头脑，让他们拥有天马行空的想象力。第七型人把人生看成游乐园，没有能使他们不开心的难题。他们认为没有到不了的明天，没有可以打倒他们的事，每天都很快乐。勇于尝试就是他们的性格和态度。

如果发生了不顺心的事情，性格健康度普通的第七型人会将注意力转移，如果逃不掉，就把遇到的坏事当作好事情，这就是合理化作用。例如，手机丢了，他们会说“旧的不去，新的不来”；迟到了，他们会说“因为天气太冷”；没有按时交作业，他们会说“因为天气太热”。他们的借口张口就来，这样能使他们逃避痛苦，保持快乐。

心理学对合理化有两种有趣的比喻，第一种是“酸葡萄”。如果大家都有葡萄，只有你没有。如果你想吃葡萄却吃不到葡萄，而你潜在的意愿仍是要让自己开心，那你会怎么做呢？第七型人会认定别人手上的葡萄一定是酸的，这样想他们心里就开心了。

第二种是“甜柠檬”。我们都知道柠檬很酸，但第七型人吃柠檬会有什么感觉呢？他们会安慰自己说：“没关系！”然后把柠檬想象成甜的。

第七型人对于规则的态度是放荡不羁的，但凡规则和自己的期待有冲突，他们就容易把事情搞砸。第七型人很难融入严密的社会组织中，环境越宽松，他们越容易如鱼得水。

Ⓑ 擅长勾画梦想

第七型人习惯把事情都往好的方面想，他们还有个最厉害的技能，就是擅长勾画梦想。商界人士尊称他们为“饼中之王”，因为他们“画大饼”的能力天下无双，总能描绘一幅让人向往的蓝图，任何项目愿景由他们讲出来，都会让人觉得无比美好。通过形成愿景和激励斗志，可促使团队的力量得到最大限度的发挥，让企业迈向成功。他们喜欢从正面看待事情，所以很擅长勾画梦想。

很多人都喜欢与第七型人一起工作，第七型人会在工作中努力维持欢乐的气氛。因为这样欢乐的形象，所以第七型人不太可能与他人产生持久的矛盾。他们热情友善，能够独立工作，态度积极进取，很有自己的想法，他们希望其他人能配合自己，一同实现计划或梦想。

第七型人很擅长社交活动，工作时能够营造自由、快乐的氛围，所以特别能激励团队的士气。第七型人的团队管理方式是扁平化的，他们不太在意管理者的头衔，管理团队比较有弹性。他们喜欢分布式授权，把权力发放出去也等于把责任发放出去了，同时希望打破职级制度，让大家都能平等地发表意见。大家没有拘束，氛围轻松。他们工作时桌面上常常放满各式各样的零食，因为他们认为在工作中吃点小零食能缓解枯燥与烦闷，还可以刺激大脑运作。第七型人领导者常常像一阵龙卷风，疯狂地发挥他们的活力，所到之处都会大力地搅动一番，带领团队激起更多的火花。

反应过速，囫囵吞枣

Ⓐ 面对自己的内心

第七型人常说："我的一生都在做一件最重要的事情，就是获得我想要的东西！"为了逃避内心的焦虑，第七型人喜欢把自己扔向外面的世界，让自己忙得跟陀螺一样。可以说，第七型人的人生不是在行动，就是在准备行动。只要脑中存在着对未来的憧憬和未来的行动计划，他们就会非常兴奋，会自我感觉良好，因为这些会帮他们阻挡内心的焦虑和痛苦的情绪。第七型人很自嗨，他们不太在意别人的眼光，勇于尝试各种的体验，活得自由自在，让生命显得很精彩，这都源于他们洒脱的性格。

第七型人的一生都在追求"开心"，但是想要真正"开心"，就不能"心不在焉"。每当第七型人内心无法平静的时候，他们都会逃离自己的内心。心是灵魂的舌头，第七型人常常不用心去体验，这就好比用失去味蕾的舌头去品尝天底下最美味的食物，任谁都会觉得索然无味。

第七型人常常无法回归自己的内心，他们没有明白刺激不代表快乐，兴奋也不是真正的幸福，不能将这些混为一谈。所以给第七型人的建议是：去面对自己的内心，真正的享受一定是要用心去体验的。

Ⓑ 追求快乐是为了逃离痛苦

值得注意的是，第七型人虽然看起来很快乐，但实际上，他们总觉得背后好像有很多狮子、老虎、豹子在追赶着自己，这些可怕的猛兽其实就是生活中的麻烦事。他们闯了祸，惹了麻烦，却不想去面对，这时候他们会通过新的体验来转移注意力，并想要忘掉这些麻烦事。他们的情绪一直在表面，要不断地被新的事情刺激，才能转移注意力。如果事情失去了新鲜感，变得无聊，压在他们内心深处的痛苦就会翻涌袭来。

如果一个房子里面堆了垃圾，为了保持清洁，我们应该把些垃圾收拾起来，并装上环保车让其载走。但第七型人却只是把垃圾扫到墙角，甚至为了掩盖它们而盖上布帘、喷点香水，这样的话，无论如何都不能说房子已被打扫干净了。同理，第七型人要明白，心中的大房子里若出现焦虑与痛苦等需要清理的情绪的话，只暂时转移焦点，如同给垃圾喷上了香水，只能在短时间内掩盖味道。如果不去思考出现焦虑的原因，不去面对内心真正的感受，而只把注意力放在正向的可能性、发展性上，比如只要焦虑一出现就立即追求新的冒险、知识、目标等，或是在人际关系中去关注新的同事、新的恋人等，这种暂时性的控制会让他们真正的焦虑与日俱增。而总是逃避也会使压抑焦虑的效果越来越弱。

自由狂热，追求刺激

Ⓐ 轻诺寡信

性格健康度不佳的第七型人的计划清单里有各种各样的好玩的事情，但对他们来说，选择体验哪一项是随机的，这要看当下哪个选择对他们的吸引力最大，而且随时都有改变的可能。因为计划不是严谨的，也没有非兑现不可的约定，而计划发生改变只是一瞬间的事，比如他们常常心情一转，突然想到另外的事情。最后草草地以各种理由推托，无法实现计划。

有的人格类型有决定恐惧症，但第七型人却完全不同，他们喜欢有很多选项，他们的理念是，不用花太多时间做比较，既然每个项目都很好，那就每个都试一下。这就是第七型人所渴望的选择自由。

随着对一件事情的持续体验而对它越来越熟悉，其趣味感和新鲜感就会越来越低，这让第七型人感到无趣，会让他们出现喜新厌旧的态度。但他们同时也要反思一下，太多的选择项目是否会成为深入体验和长期坚持的阻碍。

Ⓑ 三分钟热度

有人问第七型人："为什么你那么聪明，却不肯在一个点上扎根呢？”他们会说：“你愿意为了一棵树而放弃一整片森林吗？”每件事情只做一点，或者很快就换别的事情做，这就是我们常说的“三分钟热度”，这样容易导致第七型人出现人际关系的障碍。

当第七型人每天为了平复自己内心的焦虑而忙于追求快乐的时候，以自我为中心的想法会越来越强，便会觉得别人剥夺了他们的需要，是别人限制了自己。于是，他们对欲望越发不加节制，也就越来越不顾别人的立场。实际上没有任何人对第七型人施以限制，真正限制他们的是他们自己的欲望。

性格健康度良好的第七型人是有行动力的，是积极入世的，欲望让他们跟这个世界联系得更加紧密，但是为什么他们总是得不到满足呢？关键在于他们满足欲望的方法有问题，第七型人必须反思自我，有没有真的活在当下。

五大相处秘诀

1. 积极乐观：第七型人是乐观主义者，要用乐观的态度来与他们沟通，并且关注新的事物和话题。

2. 幽默语调：欣赏第七型人的幽默，多说正面的话题。

3. 氛围愉快：与第七型人谈有趣的事情，宽松的氛围容易让他们发挥创意。

4. 耐心包容：第七型人通常很有趣，但你需要包容他们的任性和随意，容忍他们对于事情结果的反复，提醒他们做完一件事再去做另一件事。

5. 避免限制：限制和束缚是第七型人的“地雷”。不要给予他们明确的指示，开放性的选项可以让他们快乐，但是所给的自由度一定要有底线，否则最终不会有好结果。

8 领导指挥者

慈不掌兵，义不理财

最佳代表特质

□ 为了保护我手下的人，我不惜与别人发生口角摩擦，甚至肢体冲突。

□ 我害怕被背叛。一听到对方说谎，我会立即拆穿他，让他难堪。

□ 我经常过度操劳，把自己搞得精疲力竭。

□ 我要独立自主，一切与我有关系的都要在我的掌握之下。

□ 我排斥软弱，但其实我有温柔的一面，只是连我自己都很少看到。

□ 困境只会让我以更坚定的意志向目标冲刺，我永不放弃。

□ 不要惹我，否则我会让你品尝到“害怕”的滋味。

□ 进攻是取得胜利最好的方法，我很会激励大家一起为目标奋战。

□ 我一向有话直说，不隐瞒自己的真实欲望。

□ 对决总会有人输，但绝对不会是我。

针对每项特质进行自我检视，分别评分再计算总分。

从不如此：0 分 / 偶尔如此：2 分 / 有时如此：3 分 / 经常如此：5 分

总分是________________。

小人物大特写

2017 年 5 月 6 日，东森新闻节目中出现了一个斗大的标题："霸气！手上拿着妈妈的避孕器的宝宝'强势'出生。"

美国亚拉巴马州的露西通过剖宫产顺利诞下一名男婴，取名为德克斯特。据《每日邮报》报道，小男婴刚出生时手上竟然紧紧握着妈妈松脱在子宫里的避孕器。

从照片整体看起来，仿佛是宝宝想要阻止妈妈避孕，像极了宝宝在示威："谁都不能阻止我的诞生。"

这就是第八型人面对世界的态度，在这个弱肉强食、竞争激烈的世界里，他们的基本渴望是"我必须要强大"。必须要有力量，才能在这个世界生存下去。

正因为如此，第八型人很少退缩，他们总是活得很坚强，永不言败是他们的信念。

掌控大局，主持正义

Ⓐ 天生的王者

第八型人追求的是一种强大的、不可战胜的力量，他们的体能和活力总是令他们有一种冲动，让他们想要证明自己的强大，并确认自己有能力获得他人的尊敬。

第八型人一看就有当老板的架势，似乎天生就是来“统治这个世界”的，所以他们眼神坚定，嗓门大，气势逼人，有一种王者之风。就算只是静静地坐着，都有一种威严。

第八型人的穿衣哲学很特别，他们喜欢鲜艳的色调，常常外面穿名牌，里面穿得很随意。一般来说，身体最脆弱的区域是从喉咙到下腹部处，几乎所有的动物都会本能地保护自己的这个区域。但第八型人不在乎，他们的坐姿很大气，非常自信。

Ⓑ 可靠、自信、有义气

第八型人的领地观念很重，一旦他们认定了自己的领地，就不允许任何人来侵犯。他们会本能地保护自己的领地，也会保护领地内的家人、朋友，因为他们认为这些人是“我的人”，欺负“我的人”就是在

“我”的头上兴风作浪，这是绝对不允许的。在生活中，当家人和朋友遇到麻烦时，他们会很自然地挺身而出，替大家排忧解难、争取权益。第八型人常常会给人可靠、自信、有义气的印象，因此也容易成为团体中的领导者。

第八型人好打抱不平，觉得自己是正义的使者，背负着替大家主持正义的使命。他们就像地下司令官，即便社会已经有了规章制度，他们仍认为：“我就是有我自己的规定！”他们同时扮演制度的设立者和审判者的角色。凭着这种冲劲行事，强势的他们常常给人一种脾气最火爆、立场最坚定、说话最直接的印象。第八型人的能量仿佛是一种无坚不摧的火药，强大的气场让别人对他们既爱又恨：爱的是，大树底下好乘凉，有被保护的感觉；恨的是，与掌控欲强的第八型人相处敢怒不敢言。

独立自主，领导风范

Ⓐ 弱肉强食的生存之道

第八型人在潜意识中认为，世界的生存法则就是“弱肉强食”，若想在这个残酷的世界中生存，自己不但要非常强大，并且要能控制自己的生存环境。

为了证明自己的强大，他们会尽可能地掌握权力、金钱、性、食物等资源，以此彰显他们不需要任何人的保护。

他们认为如果自己需要别人，就有可能会被他人利用，所以一定要独立自主，自力更生，掌控自己的生存环境，拥有自己说了算的生活条件。

此外，他们一定会让自己拥有其他人羡慕、需要的资源，如此才能掌握别人，拥有领导权。在这种状况下，他们才会觉得自己是安全的。而这些需求，可能随着他们欲望的无限扩大而过度膨胀。

财大气粗的第八型人买东西像搞批发一样。买大衣时："这个款式所有颜色都给我来一件。"点菜时："所有主厨推荐的菜都给我上一遍。"

让第八型人请客是很容易造成浪费的，因为他们不愿意被限制，出手特别大方。他们不仅花钱大气，在做市场时也令人感到气势逼人，"这个季度我们要拿下东北市场""兄弟们，把这项订购单签完我们退休"。第八型人领导者说话的口气就是这样，他们很有气势，能让众人浑身是劲。

Ⓑ 善于领导团队

第八型人领导者在会议结束后会让大家各自行动，他们不会限制下属太多，但是如果你敢偷懒，月底没把业绩交出来，他们可能就要生气了！

第八型人眼光卓越，而且善于领导团队，最大的特点就是能"闻"到钱在哪里。如果你想赚大钱，一定要学习如何与第八型人合作。

第八型人个性爽朗，喜欢直来直去，无论做事或说话都不加修饰，行事风格率直果断。为了达到目的，他们不太在意人际关系的摩擦，即使在紧急关头，他们也能立即做出一般人难以做出的决断，并为这个决断全权负责，鼓舞跟随者的士气。因此性格健康度良好的第八型人被视为值得尊敬的领导者。

华伦·班尼斯（Warren Bennis）和彼得·德鲁克（Peter F. Drucker）两位管理学大师所谈的领导哲学与性格健康度良好的第八型人领导者的风范可谓不谋而合。性格健康度良好的第八型人重视团队整体利益的提升，关注团队中成员的幸福，能使得大家乐于追随他们。他们立场坚定，擅于主持大局，并且勇于承担责任，能赢得大家的高度信任。

领导哲学

华伦·班尼斯的名言：

◇ 领导者是“做对的事情”的人，管理者则是“把事情做对”的人。

◇ 领导者注重的是人，管理者注重的是系统与结构。

◇ 领导者专注计划愿景，管理者专注落实计划。

◇ 领导者懂得获得信任，管理者懂得依靠规则。

彼得·德鲁克的名言：

◇ 领导者就是一个有追随者的人。

不畏争斗，放胆求胜

Ⓐ 绝不轻言放弃

第八型人喜欢放眼未来，越有前瞻性越好，就算现在没有好处、收入，他们也肯做。他们特别喜欢挑战高难度的事情，譬如在沙漠里开辟疆土，在旷野里开辟道路，别人眼里不可能的事情在他们看来则是充满惊喜的。而且第八型人抗压性最强，他们一旦锁定目标就绝不轻言放弃，一定会战斗到底，直到获得成果。

在九型人格中，第八型人的性格健康度会决定他们的力量是有建设性还是有破坏力。

在性格健康度良好的第八型人身上，可以看到他们的意志与勇气、自主与权威。但在性格健康度不佳的第八型人的身上则能看到反面，可能是专断与胁迫、独裁与威吓，这是一种毁灭性的力量。

第八型人的意志是坚定而有力的，但相对也是最一意孤行的。第八型人在性格健康度良好的时候会运用强大的意志力与自信，以建设性的态度来改造他们的周围环境，为大家谋求福利，而此时他们也会感觉到自己的力量是无比强大的。

但对于性格健康度不佳的第八型人来说，他们则会滥用暴力来控制周围的人，并会为了满足私人欲望不惜付出一切代价。所谓“人不为己，天诛地灭”，踩着别人的头往上爬、贪婪在他们看来是件好事、乐事。他们经常无视规则、法度和他人的权利、需要，不管用什么方法，只要可以打倒眼前的敌人，他们就绝不会手软，以一种挡我者死的残酷手段毁灭阻挠他们的人。

为了彰显自己的力量，第八型人会不顾一切地战胜对手，哪怕杀敌一千、自损八百，他们也要取胜。成吉思汗是典型的第八型人，他敢赏敢罚的治军之道让他杀进了亚欧大陆，成为历史上空前绝后的王者。

代表人物 成吉思汗

成吉思汗本名铁木真。《元史·太祖纪》中记载他“深沉有大略，用兵如神”。他大败金国、西夏、西辽，建立了大蒙古国。

成吉思汗被尊为世界级的军事家，西方史学家指出，成吉思汗比任何将领都厉害，因为他完全没有读过兵书，却从未打过败仗。

他的用人之法也一直为后世称道，手下大将有耶律楚材、哲别、木华黎，他对人以诚相待，不分贵贱，恪守诚信。

他格外珍视将士的生命，曾立下两条特殊军规：一是战场上不得遗弃受伤人员；二是如果小队中有同伴被俘，同队其他人必须去营救。

为了求胜，他认为即使将他们斩草除根，尽夺其所有，使其有夫之妇号啕痛哭，以泪洗面也在所不惜。

Ⓑ 企业创办人居多

第八型人具备开疆拓土的精神，面对危险不害怕，敢冲敢拿，容易获得胜利，很多企业的创始人都属于这种类型。他们胆子大，敢往前扑，力量很强，在他们的铁腕之下，大家都很听话。性格健康度良好的第八型人中的领导者给人的感觉是非常有力量的，只要他们指个方向，大家都会毫不犹豫地前进，而且浑身都是劲，这是第八型人很大的优点。

第八型人喜欢挑战自我，也会对别人的本事感到好奇。他们会敬重强悍的对手，看不起立场不坚定的胆小鬼，因此，他们喜欢以挑衅的态度与人互动。他们并不在意别人的感受，他们喜欢挑战别人，当然也可以接受别人的挑战，他们在意的是团队成员是否具有野心和胆识，要的是能“打仗”的团队。

或许会有人对第八型人的作风感到不爽，但是第八型人是绝对不容许他们眼中的胆小鬼来左右自己的决心的，他们要干影响世界的大事。因此，别指望他们当团体中循规蹈矩的听话者。相反，他们通常是造反者，这是他们认为必要的大破大立。

代表人物 唐纳德·特朗普

原为地产大亨的特朗普（Donald J. Trump）从“门外汉”一举成为美国总统，这说起来令人无法相信。当然，他创造了很多让人无法相信的奇迹。

出身上流阶层的他，20 多岁就拥有万贯家财。后来，他生意失败，曾四次宣告破产，背负数亿美元的巨额债务。然而，现在他又再度坐拥亿万家产，并且成为美国总统。

击败 12 位共和党内的对手，最后更是打败了美国政治史上资历最深的对手——希拉里，成为大选最后的胜利者，特朗普是如何创造这个传奇的呢？他用简单而直白的口号“让美国再度伟大”激发美国大众的荣耀感，同时宣称为大众发声、谋福利，这吸引了不少选民的目光。

无论别人怎么不看好他、怎么批评他没有当总统的特质，他都不为所动，坚持竞选。这份永不言败的精神是他成功的重要原因之一。

面对挑战，宣示主权

Ⓐ 自私还是利他，是重要的修炼

第八型人是所有人格类型中最想展现自己的强大的类型，他们总想支配周围的环境和人。他们通过发布命令的方式来告诉别人：“我不是好欺负的，我是很厉害的，我可以支配你，甚至可以消灭你。”要注意的是，若是没有自我约束，在自私的驱使下，这种力量有可能变成强大的破坏力，他们也可能因此成为邪恶的代表。

相反，如果第八型人发挥己力为公众谋取福利，就会是令人敬仰的政治家。也就是说，超越自我放纵的欲求，为大众的福利着想，是第八型人必要的修炼。

性格健康度不佳的第八型人认为一山难容二虎，他们的世界里只有两种人，要么是朋友，要么是敌人；要么你归顺我，要么你被我征服。尤其当他们没有得到爱与关怀时，就会压抑自己的多愁善感、妥协、软弱，只呈现出争强好胜的一面，他们仿佛时时刻刻都可以与人做殊死搏斗。拿破仑就是典型的第八型人，他从小就表现出了很强的第八型人的特质。

代表人物　拿破仑

拿破仑是在法国科西嘉岛长大的。他在念小学的时候，有一天跟一个高年级的学生打架，高年级的学生把拿破仑的眼眶都打出了瘀血。上课铃响时，拿破仑先进教室上课，下课铃响时，他又冲出教室，找那个高年级学生打架。

这一次，一个黑眼圈变成了两个，他像只熊猫。打着打着，上课铃又响了，拿破仑只得再回到教室去。

到了中午休息时间，拿破仑又冲去找那个高年级学生打架。高年级学生还没走出教室，就看到在门口站着的拿破仑，嘴角还挂着血迹，准备来打第三场架。

这时候，高年级学生喊：“你到底打算来几次？”拿破仑只讲了一句话：“除非你跟我道歉，否则我准备打到死！”高年级学生立刻向他道歉，拿破仑抬起下巴，挑衅地说：“你早说不就没事了！”于是转头就走了。这就是第八型人无畏挑战的硬气。

他这样的霸气不因为自己矮小的身材而打折扣。虽然拿破仑身高只有一米六，但面对比他高大的人，他也丝毫不畏惧。有一回他正在军中训话，一位身高一米八的将军在小声地嘀咕，拿破仑对他说：“将军，虽然你我身高有一个脑袋的差距，但如果你不听从命令，我可以拧下你的头颅，立即消灭这个差距！”

Ⓑ 小心一言堂式的沟通单行道

在我们生活中充斥着很多显示身份的现象，小到餐桌主位的安排、轿车中的座位顺序，大到商业活动上对 VIP 的特权，甚至欢迎仪式的礼炮，这些高规格的待遇，都给人强烈的印象。但值得注意的是，没有什么比高度虚荣心更危险的了。

与第八型人相处，特别要注意尊重他们的主权，尤其是话语权。有一位第八型人董事长，他在公司核心主管会议上决定为同仁加薪，但是，总经理到会后将这一消息抢先传达给同仁，这位董事长知道后便非常生气，当即取消了这项加薪决议。因为对于这位董事长来说，总经理僭越了他的权力。

值得第八型人反思的是，不愿意被别人掌控，只想要操控所有事物的互动模式容易造成“一言堂”，这是霸道，不是王道。

膨胀扩张，极度武装

Ⓐ 给人强烈的压迫感

性格健康度不佳的第八型人总是觉得生活是充满危机与不幸的，他们常常处于一种恐惧中，认为如果自己手上没有足够的力量，就难以生存下去，自己会被别人消灭。这种意念就像爆发中的火山，不断地膨胀扩张。一言不合，他们便马上跳起来，不自觉地放大嗓门，给人强烈的压迫感。因为他们不会压抑这样的冲动，所以在人际交往中，他们经常与人发生冲突。

另外，第八型人总是向前冲，精力旺盛，他们会挑战自己的生理极限，干起活来可以不吃、不喝、不睡，常常为了完成任务而疯狂熬夜。这是他们的本能，仿佛他们在体力耗尽倒下的时候，才能感受到自己生命的存在。但并不是所有的团队成员都能跟他们一样，如果他们强迫团队成员跟他们一样付出，可能也会引发矛盾。

Ⓑ 学习爱与包容

在第八型人眼中，为了实现独立自主，必须由内心到外在彻底消除脆弱，全副武装。被别人感动、跟随别人的决定，这些都被他们视为脆弱的行为，必须根除。

真正的力量并不是抡起拳头逞英雄，也不是只有报复与反击才能彰显公理正义。除了以暴制暴，还有一个选择，就是宽恕原谅。“爱”才是世界上最伟大的力量，让这个世界不再有敌人，这才是真正的“无敌”。只有真正的无敌才可以化解第八型人心底的恐惧。若第八型人能兼顾爱与包容，就能展现刚柔并济的真正威力。

支配资源，守护王国

Ⓐ 关爱他人，先要尊重他人

第八型人对于所爱的人和那些追随自己的人都有保护之心。他们要帮助大家与自己一同生存下去，所以，他们希望亲朋好友都来依靠他、归顺他。他们愿意为自己所爱的人、认可的人、追随的人主持正义。在他们认定的领域中，一旦有人受到欺负，他们会立刻跳出来，与敌人一决高下。

但第八型人容易把自己身边的人当作私有财产，让他们通通都归“我”管，归“我”照顾。所以，他们在帮助别人的同时，往往缺乏一份对别人人格独立性的尊重。别人会觉得第八型人管得太多、太严，甚至觉得自己被轻视。

Ⓑ 爱护他人应该出于真正的爱

性格健康度不佳的第八型人保护对方是以对方愿意服从自己、忠诚于自己为前提的。这样的关系会造成受保护的人会承认自己需要他，而不是爱他。

第八型人的可悲之处在于，他们从不承认自己需要别人的爱。但如果没有将真正的爱作为基础，始终只把他人当作自己的附属品，就不会换来真正的生死之交，反而可能落得众叛亲离。

五大相处秘诀

1. 尊重：与第八型人相处时要尊重他们的力量，尊重他们的话语权，同时要欣赏他们的正义感，否则你就会成为他们的敌人。
2. 柔软：与第八型人相处时，不要与他们对着干，不要在他们生气时火上浇油，要多跟他们沟通。
3. 直白：与第八型人相处时，要有话直说，也要注意长话短说。说话要精确，不要反反复复，也不要过于多愁善感。

4. 大气：与第八型人相处时，要避免对他们说什么能做和什么不能做。

5. 底线：与第八型人谈判时可以让步，当没有生存空间时可以示弱，但是立场要坚定。同时也要提高自己的能力，因为他们尊敬有实力的人。

9 平和谦让者

敌不动，我不动
以不变应万变

最佳代表特质

- □ 我觉得凡事应该顺其自然，顺势而为。我考虑的是如何用最少的精力实现目标。
- □ 大家叫我“好好先生 / 小姐”，因为我不争不抢，还很容易认同别人、相信别人。
- □ 我觉得人生的幸福很简单，没必要花太多力气去追求得不到的东西。
- □ 身体的舒适让我有幸福感，沙发和床是我最喜欢待的地方。
- □ 朋友喜欢和我在一起的原因是因为他们和我相处时会感到安心、轻松。
- □ 我知道世界在变动，但是我不喜欢随风摆动，每天过有规律的日子没什么不好，平安是福。
- □ 面对别人的批评，我常懒得回应，其实我是不想与别人发生冲突。
- □ 当我生气时，我就把对方当空气，眼不见为净，这是一种以退为进的攻击方式。

☐ 没有我，明天的太阳也会从东方升起，我没有那么重要，而且我常常注意力涣散。

☐ 我能把团队融为一体，协调大家，让所有人立场一致，奔向目标。

针对每项特质进行自我检视，分别评分再计算总分。

从不如此：0 分 / 偶尔如此：2 分 / 有时如此：3 分 / 经常如此：5 分

总分是______________。

小人物大特写

有些母亲会教导女儿应该找这样的老公：

1. 性格要敦厚；
2. 要有正当的职业；
3. 无不良嗜好；
4. 要爱小孩，对家庭有责任感。

以上这些都可以说是第九型人的主要特质。

但是，女人们又常说“男人不坏，女人不爱”，这里说的“坏”，不是杀人放火、作奸犯科的坏，而是说个性不要太木讷，要懂变化、有情调。但是很不幸的是，最呆板、最木讷的就是第九型人，人们常常形容他们是“好好先生”。有趣的是，很多女孩会找第九型人当老公，然后一辈子都在骂他们笨。

与世无争，崇尚自然

Ⓐ 喜欢和谐

第九型人喜欢和谐，内心的和谐对第九型人来说比人际关系的和谐更加重要，他们把这份内心的和谐称为“平和”。

在九型人格中，每个人都有三个智慧中心，分别是脑中心、心中心、腹中心。对第九型人来说，脑中心的平静就是放空大脑，什么都不去想；心中心的平静就是不要有太多的喜怒哀乐；腹中心的平静就是身体不要太劳累。

第九型人有个习惯，做任何事情之前都要先找到平和的感觉，这是他们开始行动的标志。

为了维持内在的平和，第九型人天生喜欢皆大欢喜，与世无争。他们也不太会坚持己见，常常放低姿态，所以总是能维持良好的人际关系。只要大家和谐相处就好，他们很少反对别人，很愿意支持别人。

Ⓑ 无为却无所不为

性格健康度良好的第九型人在团体中看似无为，事实上却积极主动地关注各方立场，创造彼此交流沟通的环境，发挥无为却无所不为的影响力。所以性格健康度良好的第九型人是以相互融合的模式来凝聚力量，以顺势而为的技巧保持生生不息的动态平衡。

人生在天地之间，外部环境是大宇宙，人则是个小宇宙，大宇宙和小宇宙好比是轮胎的内外圈。当第九型人愿意投入并与这个真实的世界互动时，他们的小宇宙就被启动，就能和大宇宙结合而产生力量，内外圈一起运动时，“无为”和“无不为”便统一了。内外协作才是顺其本然、顺势而为，可以达到真正的天人合一。因此他们的“无为”是积极、进取、参与、生生不息的。

性格健康度良好的第九型人认为，在芸芸众生中，虽然“我”只是一个小齿轮，但“我”是支持整体运转的一部分，任何伟大的整体如果没有“我”的参与都是不能运作的，一切的发生不能没有“我”的努力。

顺从中道，平易近人

Ⓐ 路遥知马力

性格健康度良好的第九型人会主动作为，而性格健康度一般的第九型人有时候会觉得，自己只是老天爷的一枚棋子，什么能做、什么不能做，都不是自己能决定的。他们过度地强调外界环境的力量，而忽视个人的努力，因此，他们对待事情时总觉得差不多就行，甚至有不同想法的时候也不愿意说出来，并且容易退让。第九型人不太会生气，也不愿意与人发生冲突，喜欢往好的地方想，什么事都能放得下，所以周围的人会觉得他们脾气很好。

第九型人最擅长的就是客户服务。只要是第九型人谈下的客户几乎都不会离开，所以他们非常适合组织团队进行长期深耕发展。只要不遇上重大的天灾人祸，这样的发展模式很容易让他们在一方扎根，将事业做大做强。同样，在团队中，他们的贡献是持久的，稳定性是最棒的，第九型人的做事态度就是“做任何事都要有始有终，从头到尾做完一件事后，再做下一件事”。

Ⓑ 好好先生

第九型人从小就懂得用以柔克刚的方式来化解矛盾，长大后在职场上也用包容、等待的方式来处理人际关系上的冲突，他们好像有化解愤怒和仇恨的能力。他们看起来很和善，好像没什么脾气，人们会称他们为“好好先生/小姐”。

第九型人领导者非常在意团队成员相处得是否融洽，无论是否身处高位都不会让人有距离感。他们作风低调，处处表现出善意与慈悲，让身边的人无时无刻不感到轻松自在。

第九型人有一颗包容的心，与别人立场不同的时候常常会为对方着想，因此别人都喜欢与他们交朋友。性格健康度良好的第九型人除了能让自己感到平和之外，还能用这份平和感染周围的朋友，他们特别欣赏和他们一样默默做事的人。第九型人所带领的团体总是像一家人，他们愿意给别人支持和陪伴。在第九型人身边，你会感觉温暖而有人情味，也会愿意与他们一起为共同的目标而努力。

调解分歧，融合共识

Ⓐ 授权的高手

有一位第九型人高管在开会之前对于议案没什么想法，脑袋空空的，但在会议桌上听每个人都说了自己的想法之后，他摆摆手，立刻就提出一个能为各方所接受的方案。这让大家都深感佩服，因为他把所有人的立场都考虑进去了，他们是天生的调和者。

有时候，第九型人觉得主导别人太费神，最省事的办法就是，如果大家有个聚焦的观点，并且也是个不错的观点，就认同大家的看法，用融入的方式来达到既与人保持和谐关系又省心、省力的目的。

第九型人当领导，若做得好，就会是个善于授权的领导，能以一种无为的智慧，通过授权激发身边人的潜力。他们给予每个人足够的尊重，因此大家都很喜欢他们。

Ⓑ 真正赢家

评价一个好的领导，不是看他在的时候下属怎么做事，而是看他不在的时候，下属会不会给他惹事。无论在工作还是生活中，大家都在追求双赢，找出对双方都有利的解决方案。

对于第九型人来说，他们所追求的可能是“三赢”，甚至更多。以一个销售模式为例，当事人分别是销售者和消费者，以双赢的观点来说，如果消费者感觉本次购物物超所值，而销售者达到了薄利多销的目的，这就是一个很棒的双赢模式。但是，对于对冲突感十分敏锐的第九型人来说，他们甚至会考虑“竞争者”的立场。他们认为仅仅满足消费者还不足以在市场上高枕无忧，如果可以把竞争对手的立场也考虑进去，让大家都有钱赚，你好、我好、大家一起好，或许这个世界会变得更加和谐。

代表人物 马化腾

原来被认为是新经济的互联网现在却与各个传统行业都结合在一起。零售、娱乐、影视、金融、美食、交通等都可以借由互联网“串连”起来。

在互联网公司中，腾讯遵守的是开放性的原则。腾讯公司与国内多家公司展开合作，例如搜狗、京东、大众点评等，业务范围也随之不断扩大。

这是因为腾讯的自我定位就是“连接器”，把消费者、服务和设备连接起来，形成一个紧密的大型网络。

天下文化出版公司采访腾讯公司董事会主席兼首席执行官马化腾时，马化腾说了腾讯制胜的几样关键武器：

① 极简主义；

② 试错迭代；

③ 生态养成。

以文火慢煮的融合方式让改变在生活中被人们接受，这样人们就不必费劲去适应，也不用忍耐，一切都是自然而舒适的。这样的变革方式最没有阻力，也是第九型人最推崇的方法。

大道至简，按部就班

Ⓐ 化繁为简的高手

第九型人的原罪是“怠惰”，怠惰容易被认为是行为上的懒惰，很多人把“拖延”“动作慢”“懒散”等词汇与第九型人挂钩。而实际上，第九型人想要维护的是一种“平和”的状态，从人际关系的角度来说这是一种和谐，从做事的角度来说这是一种顺应自然、不过分折腾的创造。第九型人常以旁观者的姿态面对生命，通过自我退缩来排除外界的影响，这容易使他们对所有事物失去感觉，甚至只想活在安乐中、拒绝改变，但这样他们也将无力面对真实世界中无情的竞争。

他们希望脑中心、心中心、腹中心都保持平静，因此，若是第九型人开始行动，那么就要让他们的脑中心、心中心、腹中心陆续启动。让他们从静止的状态动起来是不容易的，就像旧式的蒸汽机车，启动是需要很长时间的。

反过来说，如果第九型人习惯了快节奏的工作，突然让他们慢下来，那么，他们也会感到不舒服。这样的状况下，第九型人看起来非常勤快，这是因为他们融入了快节奏的环境，环境带动了他们。第九型人因为不爱改变，所以常常沉浸在一个状态中很久，不管当前的状态是怎样的，他们都想要维持惯性。

对第九型人来说，最费劲的就是“改变”。因为懒得改变，他们喜欢把自己调整为“省电模式”，用“低电量”处理麻烦事。他们是化繁为简的高手，遇到复杂的事情就想办法将其简单化。

把所有的事情简化最大的好处是，只要依照既定的程序按部就班地行动，任务就能完成。回到家后，他们躺在沙发上看电视，享受这种平和，如果有点心、水果、零食搭配这段欢乐时光，那就更完美了。

Ⓑ 幸福就在当下

第九型人特别喜欢大自然，喜欢与大自然“天人合一”的感觉。他们觉得当下的悠然自得是一种幸福，喜欢活在当下，享受自在，感受生命的美妙。

第九型人在性格健康度良好的时候知道“心如止水”和“心如死水”的区别。他们明白自己的需求，人生可以有很多选择，自己是独立存在于世界中的。

然而在性格健康度不佳的时候，他们会变得被动，随波逐流。即使出现了真正的问题也视而不见，让自己脱离于事件之外。此时的第九型人失去了个体性，对世界的感受是混沌的，就像活在一场梦中。他们用退缩的方式来抵抗外界，对所有事物失去感觉，只想活在安乐中，拒绝改变。

自我提升的要点

谦让平和，耐心倾听

Ⓐ 适时地表达自己的意见

第九型人总是特别愿意聆听，为他人着想，面对分歧，他们会采取“牺牲小我、成就大我”的策略，因为他们相信天公疼憨人，不计较会得到最大的圆满。

他们愿意理解对方，能换位思考，却常常忽略应该让对方理解自己，因为“损己利人”的退让并非每次都能获得好的结果。然而在追悔的时候，机会已拱手让人了。这让总是把自己的立场放在最后一位的第九型人看起来好像真的不被别人当回事儿了。

Ⓑ 消极逃避的心态，将失去自我

第九型人会与本能的能量分离，比如他们会因为看到美好的愿景与可能性而感到心情愉快，但他们感觉不到自己的内在需求以及自我意识的存在。他们认为什么都是有可能的，却没有激发出本能力量来执行计划，他们认为一切自有安排，地球不会因为没有“我”而停止转动，没有什么是急切或不可等待的，应该放松心情、顺其自然。这种宿命论的思想，其实是一种消极的处事态度，性格健康度不佳的第九型人容易有这种想法。

自我麻痹让第九型人习惯看淡一切。所谓麻痹，简单地说就是对应该关注的事物不关注或淡化处理。这样的麻痹作用或许能让第九型人短暂地感觉轻松，但是也会让他们付出很大的代价。他们对世界的认知将渐渐模糊，他们的性格会变得闲散、安逸。

想保持内心的平静，这没有什么不对，但是用逃避的方式脱离真实的世界就不对了。

乐于配合，美化现实

Ⓐ“把别人当空气”的攻击方式

性格健康度不佳的第九型人害怕坚持己见会造成人际关系冲突，而让别人做决定既可以避免冲突又可以省心省力，于是他们把决定权交给他人，把无为而治变成了自己的不作为。

他们觉得就算他们不去解决问题，也会有其他人能够解决问题。再不然，将问题放一放，等时间到了或许问题就消失了。他们尽量让自己往好处想，用各种各样的借口让自己获得内心的安宁。然而他们不顾一切地追求平静，得过且过，心存侥幸，势必会让他人受到伤害，这可能会引发冲突。

他们敷衍了事，用“软抵抗”的方式阻碍他人行动，“软抵抗”就是非暴力的不合作行为，是一种以退为进的攻击方式。很多人以为第九型人没有攻击性，但实际上他们的攻击方式就是“把别人当空气”。事实上，第九型人比别人眼中的自己更具有攻击性。他们只是一味地否认与压抑，如此就会不断累积对自己和对别人的伤害。阳奉阴违久了，最终是会激起别人的愤怒的。

Ⓑ 理想化他人

性格健康度不佳的第九型人会美化现实，让自己活在幻想的世界里，把挫折、麻烦、不愉快、不愿面对的改变抛诸脑后。在第九型人的白日梦里，世界祥和美好，人们无忧无虑。但在自我麻痹中的平静，绝不可能是长久、真实的。

第九型人觉得为自己开辟道路太费劲，所以他们想要简单地成为别人生命的一部分。如果别人有个很好的方向或目标，那么跟着就好了。但如果总是认同他人，他们“自我的边界”就会越来越模糊。第九型人越认同别人、美化别人，同时就越压抑自己的特质，甚至贬低自己。长此以往，第九型人就会轻视自我，无法发展他们的自我潜能。其自我认同感可能因此消失，最终变成别人的影子。

第九型人的必修课就是要学会接纳冲突和痛苦。这个世间原本就是由各种味道杂糅而成的。痛苦原本就是人生的试金石，它能让第九型人拥有深刻的感受力，通过试炼的第九型人将变得乐观、自信，在团队中能支持团队成员，成为一个调和鼎鼐的高手，使团队和谐融洽。

五大相处秘诀

1. 正面鼓励：与第九型人相处时，要欣赏他们的仁慈敦厚、温婉善良，与他们讲话时要使用正面的词汇，以鼓励代替责骂，避免引起他们心中的不快。态度要温和，因为一旦你的态度激烈了，他们就得想办法平静。

2. 态度温和：第九型人喜欢平和的氛围，与他们相处时要融入他们营造的氛围中。他们对待朋友就像对待家人，家和万事兴。特别要注意，切莫让他们把你所提出的请求看作指责。

3. 群体带动：第九型人在大家行动时就会跟着一起行动，他们喜欢融入团体中，喜欢跟随大家一起做事，因此，只要大家都快，他就会跟着快起来。

4. 目标引导：第九型人不喜欢冲突，所以对于别人的要求很少说“不”。要鼓励他们把内心的不满表达出来。他们的精神容易涣散，好的提问方式可以帮助他们集中精神，让他们思考后再做决定。

5. 不要压力：第九型人通常都很友善，但让他们“放松”才能刺激他们的行动。千万不要对他们失去耐心甚至做带有情绪的发言，这样他们会假装听不见，把你当作空气。

第四章

职场攻略

完美主义者

Jack 给您建议 1

	健康度良好	健康度不佳
性格	崇尚品德、坚持卓越、认真负责、改正错误	缺乏弹性、缺少鼓励、强势干涉、缺乏全面性思维
有这样的主管	以高标准要求自我，对他人的错误稍能宽容谅解，大家都敬重他们是正人君子。	自认为的理性客观，容易被人认为是吹毛求疵。面对别人的自甘堕落，他们总是在心中燃烧怒火。
如何应对	以勤奋而严谨的工作态度来赢得领导的欣赏，工作的执行标准不应该因为任何理由而松懈，不需要费心对他们曲意奉承或节日送礼，认同他们正直的处世态度就是最好的礼物。	格外关注老板的标准和底线，当遭受批评时，硬碰硬是不明智的，把事情做好是应该的。用一颗理解的心，抛除等级观念，再去面对无情的挑剔，这无疑是自我提升的好机会。
有这样的下属	有出淤泥而不染的高尚品德，刻苦耐劳，绝不浑水摸鱼。为了得到优良的工作结果，更是亲力亲为，对于细小之处丝毫不松懈。	用善恶二元论看世界，缺乏灵活处理事情的弹性，嘴硬好辩，对小错误也容易上纲上线。

	健康度良好	健康度不佳
如何应对	以身作则是最强大的领导力，千万不可和稀泥，发布指令须讲求精确，若是朝令夕改，恐将引来他们的反感。	肯定他们追求完美的信念，批评他们时，一定要对事不对人，依据事实陈述。同时提醒他们人类的基本欲望并非罪恶，纠正他们非黑即白的绝对观点。

热心助人者

Jack 给您建议 **2**

	健康度良好	健康度不佳
性格	热心助人、察言观色、善于沟通、和蔼亲切	他人为先、盛情难却、背后操控、隐性骄傲
有这样的主管	以人为本的领导风格，他们有循声救苦的菩萨心肠，愿意帮助他人，成就他人，甚至把人脉整合出平台式的功能，让朋友之间可以互通有无，相互照应。	希望自己为别人所需要，认为事情一定非“我”不可，将自己放在高人一等的拯救者位置。 他们也容易感情用事，把所有的问题都归因在别人身上。
如何应对	与热心的领导相处，千万不要辜负他们的好意，他们会在公司里营造出大家庭的氛围，希望大家可以亲近、经常交流。讲求人情味的他们十分关注别人的需求，有时需要适时地提醒或协助领导维护制度的公平性，这是壮大组织的关键。	他们容易忽视自己也有需要的事实，关心他们，向他们敞开心扉，有来有往的互动接触可以让你在领导身边如鱼得水。另外，要注意的是职业道德，即使与领导关系紧密，也千万要管好嘴巴，不要泄露了领导的秘密。

	健康度良好	健康度不佳
有这样的下属	人缘很好，以关爱者的角色服务他人，他们是努力协助你达成目标的好帮手。	即使他人根本不需要也要帮忙，以此制造出他人对自己的依赖感。以半强迫的方式照顾对方，并影响对方的决定。
如何应对	在他们辛苦的付出之后，别忘了对他们表示感谢与鼓励。	对于热心过头的下属，要把他们的面子照顾好，肯定他们的协助，同时要帮助他们将注意力放在自己的工作上，不要透支自己的精力。

成就追求者

Jack 给您建议 3

	健康度良好	健康度不佳
性格	适应力强、表现突出、充满斗志、重视形象	变色龙、给人压迫感、贪功躁进、功利主义
有这样的主管	他们所带领的团队总是捷报频传，业绩常有跨越式提升，他们像明星一样受到众人的爱慕与推崇。	一定要赢，喜欢大肆张扬地炫耀财富，喜欢用高档名牌来衬托自己的身份地位。
如何应对	要得到这样的领导的赏识，你需要有优异的表现，最好将第一名作为目标，快、狠、准是他们喜欢的风格。	在这样的领导底下工作，必须要有很强的抗压能力和适应能力，同时不要忘了赞赏领导特意展示出来的高贵、时尚。
有这样的下属	他们有高远的志向，对于绩效目标有旺盛的挑战欲，像极了一台优良的工作机器。	十分现实，不顾人情，为了达到目的不择手段，踩低捧高，重视外表的包装，虚荣心很重。
如何应对	给予明确的工作目标，引导他们良性竞争，并且要及时地予以表扬和奖励。	他们渴望成功，害怕失败，给予他们进阶挑战的机会，但是要提醒他们不要为了求快而蒙混耍赖、投机取巧。

灵感创造者

Jack 给您建议 **4**

	健康度良好	健康度不佳
性格	表现如艺术创作、情感细腻浪漫、独特的个人主义	过度夸张、喜怒无常、固执己见、自卑自怜
有这样的主管	他们经常灵光乍现，常有别出心裁的想法。 有时候他们表现积极，干劲十足；有时候却眼神迷离，若有所思，对工作厌倦。	情绪是主角，工作是配角，很难猜透他们的所思所想。 情绪极其纤细敏感，他们容易被情绪左右，时而高兴，时而忧伤，让人有如履薄冰的感觉。
如何应对	别太在意什么是逻辑，也不要拘泥于规则，要欣赏他们的创意。	不要惧怕他们情绪化，要了解他们需要独处，也需要陪伴，若即若离是个好模式。
有这样的下属	渴望与众不同，有艺术家的气质，会常常回忆过去悲伤的故事。 他们忠于自己的情感，天真直率，追求属于自己的完整性。	在悲与喜之间摇摆不定，情绪暴躁，言语讽刺，喜欢标新立异，以凸显个人品位。

	健康度良好	健康度不佳
如何应对	不要阿谀奉承，不真诚的表扬会换来他们鄙视的眼神。在工作上要给予他们适当的发挥空间，允许他们自定义目标，允许他们的自我诠释。	要多注意他们的情感变化，耐心倾听他们的故事，真诚的情感交流能博得他们的好感。帮助他们梳理情绪，让他们感受当下拥有的幸福，他们就能将注意力转移到工作上。

博学多闻者

Jack 给您建议 **5**

	健康度良好	健康度不佳
性格	创造精神、理性客观、逻辑思维强、深藏不露	黑暗思想、特定立场、性格孤僻、犬儒主义
有这样的主管	CP 值（性价比）之王。他们拥有敏锐的观察与归纳能力。秀才不出门，能知天下事，他们有能力准确地预见未来，创造价值。	自恃所思所想一定都是对的，自己有特定的立场与观点，喜欢在专业领域与别人较量高下。他们喜欢在个人的空间中独自思考，对于团队的运行常常冷眼旁观。
如何应对	养成吸收新知的习惯，这样与领导对谈才能言之有物。他们喜欢聪明的人，若是你手上拥有他们想要的关键信息，他们将对你另眼相看。	做事情要养成独立性，同时要做好被领导打击的准备，在与领导谈话之前一定要做足功课，并且用请教的态度让他们指出自己的不足。
有这样的下属	心思缜密，有很强大的分析能力和综合能力。喜欢探讨抽象的观念，拥有创新的精神，理性的作风，专注于对事物深度的探讨，对于社交场合会望而 却步。	性格孤僻，过度沉溺于思考之中，常觉得自己准备不足，但准备好了又觉得无用武之地。

	健康度良好	健康度不佳
如何应对	聆听他们的系统性分析，但是要注意对主题的掌握，避免因细节过度琐碎而导致离题。给予他们独立思考与准备的时间和空间，同时要督促他们行动。	鼓励他们和别人互动，先避开脑力交流的部分，可以从唱歌、郊游、旅行、运动等活动开始，让他们在肢体的活动和与他人的接触中改变观察视角。

忠诚谨慎者

Jack 给您建议 **6**

	健康度良好	健康度不佳
性格	忠诚稳定、有责任感、安全稳健、善于团队合作	悲观、独裁、多疑、依赖
有这样的主管	三思而后行，行动前先拟订策略计划，再三审视，在众人无异议的情况下再拍板。 集体意识很强，在团队组织中勤勉工作，勇于担责。对团队成员以诚相待，对团队的荣誉全力维护。 无论何时何地，总是告诫众人要居安思危。	疑心重，对人性充满质疑，以不求有功但求无过的态度处世，悲观而保守。仿佛永远站在对立面看问题，遇到事情一定先反对，害怕状况不明，有决定恐惧症。 不喜欢吃大锅饭，同时也会排斥不同团体的理念。 害怕暴露自己的缺点，会把防御感投射到他人身上。
如何应对	忠诚是他们最钟爱的特质，除了做事要踏实稳健，对于隐患的思考一定要周详再三，工作上的汇报要巨细靡遗，最重要的是先报忧再报喜。	事先准备反对问题的答案，先进行自我心理建设，把事情研究周详，确认一切都是正确的。要耐心而详细地探讨与解说，所呈报的论述最好有权威或科学论证。

	健康度良好	健康度不佳
有这样的下属	是个可信赖的伙伴，但他们总是担心危险事件的发生，高估风险。	常常杞人忧天，在团体中捕风捉影，说话拐弯抹角。会以怕犯错为借口，不思进取，也会因为害怕追责而逃避责任。
如何应对	他们有很好的服从性和执行力，如有明确的目标和指令，他们会循规蹈矩、忠实地完成任务。他们喜欢团队合作，但合作之前，要把规矩说清楚，将丑话说在前头，这也是为了日后合作更顺利和谐。	切忌在他们面前窃窃私语，这会给他们造成一种“我们不是同一个阵地”的感觉。 要让他们知道意外也是人生的一部分，世界不断在改变，修改并不代表不可以，给予他们一些犯错空间，增加他们行动的勇气。

乐于尝试者

Jack 给您建议 7

	健康度良好	健康度不佳
性格	天真率直、多才多艺、创新整合、勇于探险	任性妄为、学艺不精、喜新厌旧、天马行空
有这样的主管	总会带来无限的创意，利用不同的优势整合出令人赞赏的策略方案。 喜欢扁平式的领导风格，跟大家互动起来很欢乐，自由开放是他们为人处事的模式，他们是最会鼓舞士气的人。	对一个项目，玩一下就不了了之，虎头蛇尾的习惯令人无所适从。
如何应对	面对容易被新鲜的事物吸引的领导，你必须保持与时代同频率的脉动，保持幽默感，学会在谈笑中把工作完成。	面对玩世不恭、讨厌教条与规则、不喜欢单调的工作且没什么责任感的领导，应该做好会议记录，让他签字，以免事后责任不清。
有这样的下属	他们的表达能力突出，爱打断别人讲话，虽然可以一心多用，但也常分心、不专注。有强大的自信与企图心，因此常常剑走偏锋，一次设定多个目标。	追求刺激，找寻快乐，浪荡闲散，贪婪冲动。

	健康度良好	健康度不佳
如何应对	善用他们的弹性处事的优点，让他们在新策略执行或新市场开发上尽情发挥，他们都是最棒的开拓者。 帮助他们把资源集中，以避免多而不精。	帮助他们深化工作，一件事情做完，再做下一件事情，以此培养出成就感，他们就会发现，一味地追求快乐不是解决焦虑的好办法。

领导指挥者

Jack 给您建议 8

	健康度良好	健康度不佳
性格	自信果断、意志力强、勇敢求胜、独立自主	顽固专横、强取豪夺、好勇斗狠、利欲熏心
有这样的主管	天生的领袖气质，视野卓越，王者之风，对于建功立业有执着的向往。他们擅长激励大家达成目标。 性情中人，说话直截了当，对弱者会张开保护的翅膀。	唯我独尊的气势，对人亲疏不同，对能为己所用和不能为己所用的两种人有截然不同的对待方式。 处理事情很主观，一切由他们说了算，不容别人侵犯他们的主导权。
如何应对	要勇于承担，说话做事都不要拐弯抹角。在工作中，要表现出追求成功的野心。跟这样的领导工作，体力上的负荷比较大，要照顾好身体。	要给足他们面子，当议题被否决，甚至引起他们的怒火时，应暂避其锋，抓大放小，改天再谈。 对于尊重他们的人，他们会给面子，同意其建议。
有这样的下属	他们会据理力争，甚至会揭竿而起。	态度傲慢，对人颐指气使，对什么问题都是用斗争的手段来解决。

	健康度良好	健康度不佳
如何应对	划出一块领域让他们管理，让出一个可以由他们说了算的地盘，说清楚权责范围以及义务条件。做到以上，你仍是联盟的共主，他们会唯你马首是瞻。	同甘共苦，建立“革命”情感。以刚柔并济的方式将他们引入团队规范之中，这样便可起到釜底抽薪之效。

平和谦让者

Jack 给您建议 **9**

	健康度良好	健康度不佳
性格	平易近人、包容力强、安抚人心	志得意满、言听计从、粉饰太平、人云亦云
有这样的主管	他们凡事以和为贵，能懂大势所趋，顺势而为地创造成功，运用调和鼎鼐的功夫让所有人朝着共同目标前进，在他们建构的和谐蓝图上，每个人做好自己的事情，就可以完成通盘的合作。	老好人，要求不高，心肠软，耳根也软，容易因听信别人的话而改变自己的想法。 以放牛吃草的方式带领团队，导致士气松散。
如何应对	安分守己、处世低调是他们欣赏的作风。 定时提供战略方案给领导，以大环境的变化作为行动策略的出发点。	协助领导排除困难。 若有困难，可以将建议先形成草稿，确认可行后，建议领导采取试水的态度，以一步步过渡的方式逐渐习惯新方案的运作。
有这样的下属	善于发现别人的优点，能配合团队。 无论工作还是学习，他们都能按部就班地完成任务，有恒心和耐心，容易成为大师级匠人。	独善其身的观念让他们做事情时喜欢打太极（推脱），结果导致很多事情都无疾而终。

	健康度良好	健康度不佳
如何应对	赞美他们，认同他们的合作态度，给予他们明确的行动方案和时间表。	陪伴他们成长，改变要一步步来，让他们先慢慢习惯变化，适应之后，再加重力度。 他们在前进的过程中需要有人监督。给予明确目标和时间表之前，先帮助他们适应环境。